时空大数据与云平台构建

刘云玉　著

西南交通大学出版社
·成　都·

图书在版编目（CIP）数据

时空大数据与云平台构建 / 刘云玉著. -- 成都：
西南交通大学出版社，2024. 12. -- ISBN 978-7-5774
-0246-8

Ⅰ. TP274；TP393.027

中国国家版本馆 CIP 数据核字第 202447JT14 号

Shikong Dashuju yu Yunpingtai Goujian
时空大数据与云平台构建

刘云玉　著

策 划 编 辑	黄淑文
责 任 编 辑	雷　勇
责 任 校 对	左凌涛
封 面 设 计	原谋书装
出 版 发 行	西南交通大学出版社
	（四川省成都市金牛区二环路北一段 111 号
	西南交通大学创新大厦 21 楼）
营销部电话	028-87600564　028-87600533
邮 政 编 码	610031
网　　　址	https://www.xnjdcbs.com
印　　　刷	成都蜀通印务有限责任公司
成 品 尺 寸	185 mm×260 mm
印　　　张	14.75
字　　　数	332 千
版　　　次	2024 年 12 月第 1 版
印　　　次	2024 年 12 月第 1 次
书　　　号	ISBN 978-7-5774-0246-8
定　　　价	68.00 元

　　智慧城市是将物联网、云计算、大数据和空间地理信息等集成于一体的新一代信息技术的先进理念与模式，旨在实现城市规划、建设、管理和服务的智慧化。智慧城市以时空信息为基石，借助物联网、大数据、云计算和移动互联网等现代信息技术，将人类智慧全面融入信息化背景下的城市规划、设计、建设、管理、运营和发展的各个环节，构建智能化专题，以实现按需优化组合与有机协同。从构成要素来看，智慧城市涵盖了实时信息智能感知系统、信息与指令双向传输网络系统、云计算中心以及应对的专项处置系统。

　　时空基础系统是指涵盖时间和空间特性的基础地理信息，以及与公共管理和公共服务紧密相关的专业信息管理系统；此外，该系统还包括与这些信息的采集、感知、存储、处理、共享、集成、挖掘分析、泛在服务紧密相关的政策、标准、技术、机制等支撑环境和运行环境。时空基础系统的核心建设内容主要包括时空基准、时空大数据、时空信息云平台以及相应的支撑环境，其中时空大数据和时空信息云平台占据核心地位。相较于地理空间框架中基础地理信息数据库和地理信息公共平台分别部署于不同网络环境，需跨网进行信息交换的复杂情况，时空基础系统中的时空大数据和时空信息云平台可统一部署在同一云环境中，从而极大地提升了数据管理与服务的效率。时空大数据与云平台，作为一种基于统一时空基准的结构化、半结构化与非结构化数据及其管理分析系统，为智慧城市的建设与发展提供了坚实的基础。

　　本书全面、系统地涵盖了从时空大数据与云平台从概念介绍、必要性分析、需求剖析、总体设计到具体建设方案，以及项目组织、风险评估和效益分析等一系列关键环节，最后介绍基于时空大数据与云平台建设多规合一业务平台和智慧林业业务平台的建设内容。对于相关领域的专业人士，如信息技术专家、城市规划师、政府部门决策者等，本书具有重要的参考价值，能帮助他们深入了解和掌握这一复杂的技术体系及其应用领域。利用时空大数据与云平台可以显著提升公共服务如交通管理、环境保护、林业管理、公共安全管理等的效率和质量，进而极大提高公众的生活品质和满意度。

　　限于作者水平，书中难免出现疏漏和不足之处，敬请读者批评指正。

作　者

2024 年 8 月

目 录
CONTENTS

第1章
绪　论

1.1　时空大数据简介

时空大数据（Spatial-Temporal Big Data）是指基于统一的时空基准（空间参照系统、时间参照系统），存在于空间与时间中，与位置直接（定位）或间接（时空分布）相关联的大规模海量数据集。这些数据通过利用空间环境信息和时间环境信息以及数字技术，从多种来源获取并实时监测空间环境和时间环境的变化。

时空大数据的内涵十分丰富，包括了基础地理时空数据和部门行业专题数据。基础地理时空数据涵盖了时空基准数据、GNSS（全球导航卫星系统）、CORS（连续运行卫星定位导航服务系统）数据、BDS（北斗卫星导航系统）、空间大地测量与物理测量数据、海洋测绘和海图数据、摄影测量数据、遥感影像数据、"4D"数据和地名地址数据等。部门行业专题数据则包括了政府部门、企业、研究院所业务数据和科学数据、视频观测数据、搜索引擎数据、网络空间数据、社交网络数据、遥感变化监测数据、与位置相关的空间媒体数据和人文地理数据等。时空大数据的特点主要包括：

（1）时空关联性。

时空关联性是指数据之间不仅存在传统的关联性，还增加了时间和空间的关联性，这使得数据之间的关系更加复杂和丰富。

（2）动态性。

动态性是指时空数据随时间变化而变化，具有动态性。这种动态性使得数据分析和预测更加复杂，但也更加具有实际应用价值。

（3）海量性。

海量性是指时空大数据通常涉及海量的数据，需要高效的数据存储和处理技术。

1.2　云平台简介

时空大数据是指涉及地理空间变化和时间变化的各类数据，包括但不限于地理信息、气象、卫星导航等数据。这些数据具有体量大、更新快、精度高等特点，对于社会经济发展、国家安全、生态环境保护等方面具有重要意义。然而，传统的数据管理方法已经无法满足这些数据的有效处理和应用，因此时空大数据管理与应用云计算平台建设显得尤为重要。

云计算平台，简称云平台，是一种提供计算资源、存储空间、数据库服务、网络能力等服务功能的在线服务系统。云平台允许用户通过互联网访问这些资源，而无须在本地计算机或服务器上安装和运行软件。云系统后台的大量服务器集群采用虚拟化技术，产生许多可配置和自主管理的虚拟资源，虚拟资源通过高速网络互联，组成大型的虚拟资源池。云平台是通过网络提供工具和应用程序的资源服务，包括数据存储、服务器、数据库、网络和软件等，基于云的数据存储服务可以将文件保存到远程数据库，不必再保存在本地的硬盘中，设备可以通过网络来使应用程序读取在云端的文件。云平台具有节约成本、高效率、高性能、高安全的特性，是现如今企业的热门选择。

云平台基本架构如图 1.1 所示，可分为四层，自下而上依次是：物理层、资源池层、云平台管理层和云平台服务层。云平台基本架构的四层具体内容主要包括：

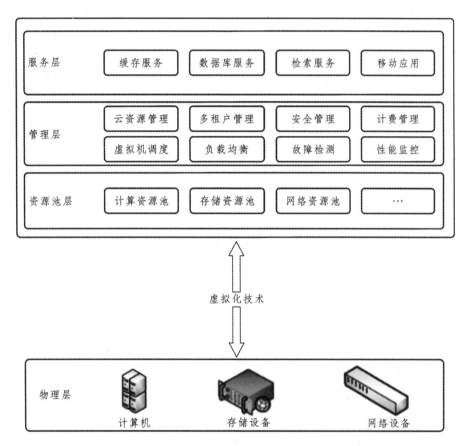

图 1.1 云平台基本架构

（1）物理层。

物理层是指底层的物理硬件，包括计算机、存储设备、网络设备等，是云平台所有服务的底层支撑。

（2）资源池层。

资源池层是指通过虚拟化等技术将大量相同类型的资源整合成虚拟的资源池，如计算资源池、存储资源池、网络资源池等。

（3）管理层。

管理层是指云平台操作系统的核心，负责调度和管理底层的虚拟资源，包括云资源管理、虚拟机调度、负载均衡等，同时负责对云平台进行性能监控、安全管理等。

（4）服务层。

服务层是指将计算能力封装成标准的 Web Services 服务，提供给外部用户使用。

云计算是一种革新性的计算模式，通过网络以自助服务的形式，按需提供可动态伸缩的互联网资源，如计算、存储和网络等。云计算的兴起彻底改变了互联网资源的使用方式，它是虚拟化技术、网络技术、分布式计算和网格计算等多种技术相互融合、演进和跃升的结果。云计算的核心在于资源池的概念，通过虚拟化技术，将各类 IT 资源整合成一个统一的资源池，然后从这个资源池中灵活地为用户或应用程序分配所需的资源。当资源需求增加时，可以从资源池中动态获取；当需求减少时，则将资源释放回资源池中。这种动态弹性的资源分配方式极大地提高了数据中心的资源利用率，实现了更高效、更智能的资源管理。

1.3　应用领域

在现代科技浪潮的推动下，遥感、传感和移动通信等尖端技术蓬勃发展，使得地理信息数据爆炸性增长，宣告着"大数据时代"的来临。这种变革不仅涵盖了传统的对地观测数据，还广泛吸纳了社交媒体等多元化信息源，共同绘制出一幅幅详尽且生动的地理画卷。这一变革为地理信息产业注入了新的活力，使得数据要素的价值日益凸显，成为行业发展的核心驱动力。

时空大数据管理与应用云平台建设具有广泛的应用场景，主要包括：

（1）智慧城市。

在智慧城市建设中，可以利用云平台对城市时空数据进行整合、分析和挖掘，为城市规划、交通管理、环境监测等提供决策支持，具体实施方案包括：

① 建立城市时空数据仓库，整合多源异构数据。

② 利用云计算和大数据技术对数据进行处理和分析。

③ 开发智慧城市应用服务，如智慧交通、智能安防等。

（2）生态环境保护。

利用云平台对生态环境数据进行实时监测、分析和预测，为环境治理和生态保护提供科学支持，具体实施方案包括：

① 建立环境监测数据采集系统。

② 利用云计算和大数据技术进行数据处理和分析。

③ 开发环境监测应用服务，如空气质量预测、水体污染监测等。

（3）自然资源管理。

利用云平台对土地、矿产、水资源等自然资源数据进行整合、管理和分析，提高资源利用效率和管理水平，具体实施方案包括：

① 建立自然资源数据仓库。

② 利用人工智能、云计算和大数据技术进行数据处理和分析。

③ 开发自然资源管理应用服务，如土地利用规划、矿产资源监测等。

（4）导航定位服务。

利用云平台对卫星导航数据进行处理和分析，为各类导航定位需求提供精准的服务支持，具体实施方案包括：

① 建立卫星导航数据接收系统。

② 利用云计算和大数据技术进行数据处理和分析。

③ 开发导航定位应用服务，如车载导航、智能物流等。

第 2 章
时空大数据与云平台构建的必要性

时空大数据涵盖了地理空间与时间变化相关的丰富信息，如地理信息、气象数据、卫星导航等。这些数据不仅规模庞大，更新迅速，而且精确度高，对于推动社会经济发展、保障国家安全以及维护生态环境平衡等方面具有不可或缺的价值。然而，传统的数据处理方式在面对这些海量的时空大数据时显得捉襟见肘，构建一个高效的地理时空大数据管理与应用云平台显得尤为重要。

首先，该类平台能实现对庞大地理时空数据的迅速处理和存储，从而大幅度提升数据处理效率。

其次，该类平台确保了数据的安全可靠存储与备份，为数据的安全防护提供了坚实保障。

此外，借助云计算技术，可以深入挖掘和分析数据，揭示其潜在价值，为政府决策、科学研究以及社会进步提供有力支撑。

最后，该类平台的建设还将推动地理信息产业的蓬勃发展，进一步加快国家信息化建设步伐。

时空大数据管理是指借助 IT 技术对海量时空数据进行高效且安全管理，其关键要素涵盖数据的采集、存储、处理、分析及应用等多个层面：

（1）数据采集环节，需构建多源异构数据的融合机制，确保各类数据迅速整合。

（2）数据存储环节，借助分布式存储技术，保障海量数据的稳定存储与快速访问。

（3）数据处理环节，利用云计算与大数据挖掘技术，实现数据的高效处理与深度挖掘处理。

（4）数据分析环节，采用人工智能与机器学习等先进技术，赋予数据智能分析与预测的能力。

（5）数据应用环节，主要开发多元化的应用服务，为政府决策、科学研究及社会生活等提供坚实支撑。

时空数据是整合各类自然资源信息和社会、经济、人文信息的基础框架，是城市信息化不可或缺的基础性、战略性的信息资源。在数字城市、智慧城市建设过程中，以法定的、统一的地理空间框架为基础，整合人口、法人、经济、社会、文化等信息，是城市信息化建设的重要基础。

在数字城市发展过程中，原国家测绘地理信息局（现中华人民共和国自然资源部）提出构建"数字中国地理空间框架"，通过建立城市区域地理信息公共服务平台，促进地理信息资源的开发利用，以推动数字城市的建设。

智慧城市，对地理信息资源的丰富性、鲜活性以及服务的自动化、智能化提出了更高的需求。为此，原国家测绘地理信息局提出"智慧城市时空信息云平台"建设思路，通过新技术的融合、数据更新、功能服务提升等，适应智慧城市建设过程中对地理信息资源集约共享与协同应用的需求。

云平台建设是实现时空大数据管理与应用的重要手段。云平台具有弹性可扩展、高可用性、共享访问等特点，可以满足海量数据的处理、存储、分析和应用需求。

2.1　政府部门现有应用系统

市规划和自然资源局成立后，部门按照职责划分，保留的应用系统以国土资源管理为主，涵盖国土资源一张图、国土资源电子政务系统、国土资源执法监察系统、基准地价查询系统等。在使用的区厅系统包括不动产统一登记系统、不动产统一登记权籍调查管理系统、移动办公系统、区厅三级联审系统、土地储备项目管理系统，在使用的省级系统包括城市大数据共享交换平台等。这些平台的地理空间引擎以 SuperMap GIS 平台为主，主要采用 B/S（浏览器/服务器）的架构模式，数据库包括 mySQL 数据库、Oracle 数据库等。现有应用系统存在的问题主要包括：

（1）业务系统不成体系，信息集成难。

目前，市规划和自然资源局拥有多个信息化系统，这些系统互不相同、独立运行，同一数据需要在不同业务系统中填报，导致工作量大、数据存在不一致和无法统一更新等问题。各业务系统难以交互、无法进行资源共享，如 OA（办公自动化）办公平台无法调用国土资源一张图系统中的图形进行辅助决策、审批。现有的各类业务系统数据交互主要通过硬介质拷贝。

（2）数据资源单一、获取手段少，更新难度大。

市规划和自然资源局当前获取数据的手段主要以地理空间数据生产、采集为主，无明确的更新机制和信息化系统支撑。在数据资源方面也比较单一，主要是在数字城市地理空间框架下形成的基础地理空间数据。地理实体数据，如地名地址数据、法人、人口数据、宏观经济数据、物联感知类数据等均为空白。此外，现有的各业务系统实时产生的数据难以同步更新至相关的业务系统，数据共享渠道尚未完全打通。各类业务所需的支撑数据来自不同业务系统、不同部门，数据来源复杂，更新机制不健全，更新难度大。

（3）信息化系统无法适应新的职能。

市规划和自然资源局成立后仍保持原市国土局的业务系统，涵盖了水利局、林业局等多个部门的相关职责，目前拥有多个不同业务系统。另外，在新的机构改革和职能划分情况下需要进行原有业务的整合，提出多规合一、多审合一等新的业务需求。原来独立运行的业务系统需要全面打通，实现数据及业务的整合与共享，才能支撑现有业务需求。对于新的业务工作，目前还没有相应的应用系统作为支撑，如规划许可证、选址等业务。此外，在新的职能下，国土空间规划工作需要从数据方面进行整合，形成涵盖现状、规划、管理以及经济社会等多个方面的数据，才能有效支撑国土空间规划业务的实施。

2.2　时空大数据与云平台建设的背景

2.2.1　多部委提出新型智慧城市建设要求

2016 年 5 月，国家发改委、中央网信办牵头联合 25 部门成立了"新型智慧城市建设部际协调工作组"并印发《新型智慧城市建设部际协调工作组 2016—2018 年任务分工》，进一步明确时空基础设施是智慧城市不可或缺的基础，是各种专业信息共享、交换、协同的媒介，是城市智能化规划、建设、管理、服务的支撑，明确要求测绘地理信息部门"推进智慧时空基础设施建设，加快智慧城市时空信息云平台建设试点，指导开展时空大数据及时空信息云平台构建，鼓励其在城市规划、市政规划与管理、国土资源开发利用、生态文明建设以及公共服务中的智能化应用，促进城市科学、高效、可持续发展"，为智慧城市建设提供强有力的智慧时空支撑。

2016 年 9 月，为了加快推动政务信息系统互联和公共数据共享，增强政府公信力，提高行政效率，提升服务水平，充分发挥政务信息资源共享在深化改革、转变职能、创新管理中的重要作用，国务院下发《国务院关于印发政务信息资源共享管理暂行办法的通知》（国发〔2016〕51 号），要求各地区制定政务信息资源目录，推动共享平台建设，建立信息共享工作评价机制，对政务信息共享提出了更高的要求。

2018 年 12 月，为了深入学习贯彻习近平新时代中国特色社会主义思想和党的十九大精神，落实全国网络安全和信息化工作会议部署，大力发展数字经济，有力支撑智慧社会建设，引导各地有序推进新型智慧城市建设，国家发展改革委办公厅与中央网信办秘书局联合发布《关于继续开展新型智慧城市建设评价工作深入推动新型智慧城市健康快速发展的通知》（发改办高技〔2018〕1688 号），同时下发《新型智慧城市评价指标（2018）》等附件，要求依照该文件开展 2018 年度新型智慧城市评价工作。评价指标中将时空信息平台作为智能设施的重要组成，从多尺度地理信息覆盖度和更新情况、平台在线为政府部门和公众服务情况等方面进行评价。

2.2.2   自然资源部对时空大数据平台建设的新要求

自然资源部发布的《智慧城市时空大数据平台建设技术大纲（2019 版）》进一步强调了智慧城市时空大数据平台是数字中国时空信息数据库的重要组成部分，开展智慧城市时空大数据平台建设是切实贯彻落实好习近平总书记指示精神的重要举措，是认真全面履行好自然资源部职责的具体行动。该建设技术大纲明确了时空基础设施的定位、内容与建设要求，其主要内容包括：

（1）定位。

智慧城市时空大数据平台作为智慧城市的重要组成，既是智慧城市不可或缺的、基础性的信息资源，又是其他信息交换共享与协同应用的载体，为其他信息在三维空间和时间交织构成的四维环境中提供时空基础，实现基于统一时空基础下的规划、布局、分析和决策。

（2）建设内容及要求。

智慧城市时空大数据平台要求建设时空大数据、云平台、运行服务及支撑环境、示范应用等。时空大数据应包括基础时空数据、经济社会数据、物联网实时感知数据、互联网在线抓取数据及其驱动的数据引擎和多节点分布式大数据管理系统。

（3）平台分类。

根据不同的应用场景，时空云平台可分为桌面云平台和移动云平台，以便捷使用。这两类云平台均以云中心为基础，分别根据运行网络和硬件环境，开发构建相应的桌面端和移动端服务系统及功能。

（4）平台应用及示范。

依托时空大数据平台，在实时感知、自动解译、无线通信等新一代信息技术的支撑下，平台应用及示范主要选择城市管理、警用平台、防灾减灾、公共安全、市场监管、旅游服务等重点领域，海绵城市、地下管廊、信息惠民等重大工程以及智慧交通、智慧医疗、智慧社区等民生方面，开展智慧示范应用。

第 3 章
时空大数据与云平台建设需求分析

3.1　政务业务目标需求分析

1. 针对政府管理者辅助决策需求

地理信息作为城市规划建设与发展的基石，亦为社会人文信息的整合提供了基础框架。在构建时空大数据平台的过程中，政府管理部门应充分整合、利用各类城市信息资源，借助统计分析及空间分析手段，为各项事务的决策与规划制定等提供有力支持。

2. 针对部门工作者的管理与服务效能提升需求

地理信息的空间、可视化及空间分析特性，为业务管理工作带来了基于空间的定位服务、可视化的数据管理服务以及基于空间的分析应用服务。在时空大数据平台的建设过程中，应充分考量政府各业务部门对地理信息的共性与个性化应用需求，以有效提升部门管理与服务的效能。

3. 针对企业公众的空间信息与定位服务需求

随着社会公众对空间信息需求的日益增长，公众愈发渴望便捷地查询与日常生活紧密相关的位置信息，如旅游景点、宾馆、饭店及购物场所等。智慧时空大数据平台通过提供网上地理信息查询服务，推动了地理信息社会公众服务系统的社会化与全民化进程，有助于改善公众的思想观念、工作作风、学习途径及生活方式，提高工作效率，对市民综合素质的全面提升具有重要意义。

综上所述，本项目将基于政府管理者、部门工作者及企业公众对时空信息不同层次的需求，推进时空大数据平台的建设，旨在进一步促进时空信息的共享及各类专题信息资源的整合与共享。

3.2　总体业务需求分析

智慧时空大数据平台在业务功能规划上应基于详尽的需求分析，紧密贴合时空大数据平台的战略定位，严格遵守国家相关技术标准与规范。具体而言，其构建应着重从以下几个方面进行考量：

（1）时空信息共享机制。

时空信息共享机制需确立一套科学、合理的原则、规范及标准体系，以实现对时空信息资源的有效整合与有序管理。此举旨在打破信息壁垒，消除信息孤岛现象，确保各业务部门在参与时空信息共享的过程中能够互惠互利。通过实时、准确地获取相关时空信息资源，各业务部门将能显著提升工作效率，进一步优化服务质量。

（2）时空数据的开发利用。

①需加强对时空数据的深度挖掘与分析能力，以进一步挖掘数据的潜在价值，为创新应用提供有力支撑。

②需紧密结合实际应用需求，提供灵活多样的数据服务与功能服务，以满足不同业务场景下的快速构建需求。

③通过推动创新应用的发展，将进一步扩大信息消费规模，创造更大的社会价值与经济价值。

（3）业务协同机制的建立与完善。

业务协同机制的建立与完善需通过加强对各项时空信息资源与工作流程的协同联动能力，推动政务工作的有序高效运转。具体而言，应实现各级政务部门在管理协同、信息资源协同及工作流程协同等方面的全面融合与协作，以构建全业务协同服务的政务生态体系。此举将有助于提升政务服务的整体效能与水平，更好地满足人民群众的需求与期望。

3.3　数据需求分析

3.3.1　地理空间框架数据提升为时空信息数据的需求

在数字城市建设进程中，我们已积累了大量框架数据，涵盖全市电子地图、地名地址、三维模型及各类专题空间数据等。然而，这些数据大多呈现静态特征，存在覆盖不全、精细度不足的问题，难以满足智慧城市建设对信息资源覆盖度、精度及时效性的更高要求。同时，随着新技术的持续演进，新型数据不断涌现，如倾斜摄影测量数据与实景影像数据，凭借独特优势正逐步渗透至多个应用领域，成为传统数据源的重要补充。

鉴于此，时空大数据平台的建设应着眼于以下几个方面：

（1）拓展数据覆盖范围。

（2）增加高精度、高分辨率数据的储备。

（3）强化对新型数据的支持能力，以此推动现有地理空间框架数据向时空信息数据的转型升级。

具体而言，需进一步更新完善全市域大比例尺基础地理信息数据，丰富高分辨率影像数据，补充三维数据以覆盖全市范围，完善地名地址数据体系。同时，需为所有数据内容添加详尽的属性信息，构建时空一体化的基础数据支撑体系。此外，还应结合实际应用需求，建设全市物联网节点数据，为各类应用提供动态、可定位的监测信息服务，进而构建起智慧时空信息数据库。

3.3.2　对泛在物联网节点信息融合的需求

物联网，从广义层面阐述，乃是通过射频识别、红外感应器、全球定位系统、激光扫描器、气体感应器等一系列信息传感设备，依据既定协议，将任意物品与互联网紧密相连，实现信息的交互与通信，进而达成智能化识别、精确定位、实时跟踪、有效监控及高效管理的网络体系。简而言之，物联网即为"万物互联的互联网"。

随着科技的日新月异，信息传感技术及其相关设备持续丰富，对空间位置的监测手段亦呈现多样化趋势，诸如无人机观测等先进对地观测系统应运而生，共同构建了天、空、地一体化的全方位观测网络。鉴于某市在此领域已具备深厚积累，因此，在构建时空大数据平台时应充分考量对地观测系统等物联网节点信息的融合支持，以确保平台的全面性与先进性。

在城市运行状态监测领域，视频监控、环境监测等手段已成为支撑各领域应用的关键信息源。鉴于此，时空大数据平台的建设需纳入对这些物联网节点地址及动态监测数据的一体化管理应用策略，旨在通过云平台的高效运作，为相关领域的应用提供强有力的数据支持与服务。

3.3.3　共享集成部门专题数据的需求

信息资源的整合共享与深度开发利用，构成了智慧城市建设不可或缺的基石与最终成果展现。在智慧城市的构建过程中，聚焦于信息资源整合的城市公共基础地理数据库，以及旨在促进信息资源广泛共享应用的城市公共信息平台，均被视为至关重要的基础设施建设项目，同时也是国家住建部智慧城市试点评估体系中明确要求的建设内容。

就公共数据层面而言，相较于单纯的数据累积，智慧公共数据体系的建设更加侧重于实现深度化、智能化、科学化的分析决策能力。因此，其核心聚焦于地理空间信息、建筑物信息、人口数据、法人信息及宏观经济数据等五大基础性数据库的整合，兼顾其他专题信息的全面融入。

共享集成部门专题数据旨在为核心智慧建设活动提供坚实的地理空间数据支撑，构建一个灵活的数据空间整合框架，不仅限于将现有框架数据升级为时空基础数据体系，还需积极整合来自多部门的专业数据资源，包括但不限于建筑物专题数据、地理国情专题数据，以及人口、管线等与应用场景紧密关联的数据，进而构建起一个全面、丰富的时空专题数据库。唯有通过跨部门的协同合作与数据共享，方能确保为智慧城市建设提供充足、精准的地理信息数据支持。

3.4　系统功能指标

智慧时空大数据平台的构建，在继承并优化原有数字地理信息公共服务平台的核心功能，即数据浏览、数据交换、数据管理、服务管理等基础上，需进一步响应智慧化建设的新要求，积极拓展功能范畴。具体而言，应涵盖以下几个方面：

（1）强化实时定位能力，确保数据更新的实时性与准确性。

（2）提供平台个性化定制服务，满足不同用户的特定需求。

（3）融合三维一体化展示技术，提升信息表达的直观性与立体感。

（4）基于云架构构建应用系统，实现资源的高效共享与灵活部署。

通过这些新需求的扩充，智慧时空大数据平台将更加全面、高效地服务于智慧城市建设与管理。

3.4.1　时空大数据融合管理的需求

时空大数据平台所涵盖的数据范围广泛，包括但不限于矢量数据、影像数据及地理实体等空间数据，同时亦整合了物联网实时感知数据、互联网抓取数据及业务数据等非空间数据。鉴于这些数据种类繁多、规模庞大且蕴含高度价值的信息，需要采用先进的多源数据融合技术，以实现有效处理与管理。

在时空大数据平台的规划与实施过程中，必须充分考虑并纳入一系列关键的大数据融合管理功能，这些功能包括但不限于：

（1）多源数据的空间化处理，以确保数据的空间一致性。

（2）时间属性的追加，以反映数据的时效性。

（3）数据融合技术，以实现各类数据间的无缝集成与协同分析。

通过这些功能的实施，能够构建一个高效、稳定且功能强大的时空大数据平台，为各领域的决策提供有力支持。

3.4.2　按需定制服务的需求

随着数字化与智慧化进程的加速，城市信息化应用日益丰富，同时，新的应用需求也持续深化。作为智慧城市背景下地理空间框架的升级版以及市地理信息资源的重要集散枢纽，时空大数据平台在构建过程中，需着重考虑其对外服务的灵活性、标准化程度及自适应性。这一策略旨在确保平台能够无缝对接日益多样化的应用需求，为新兴应用提供个性化的服务支持，从而推动智慧城市建设的全面发展。

3.4.3　三维一体化应用的需求

三维 GIS 在展示效果与分析决策领域展现出了二维 GIS 所无法企及的优势。当前，在城市多个关键领域的应用中，其重要性日益凸显，包括但不限于辅助城市规划、房产管理以及城市形象展示等方面。然而，值得注意的是，二维 GIS 作为早期的技术产物，同样拥有其独特的优势，如简洁的数据模型、丰富的空间数据资源、强大的地图制图能力、多样化的查询与分析决策手段，以及成熟的业务应用流程，这些在信息化应用中仍然具有三维 GIS 难以替代的价值。

为了积极响应智慧多领域应用的迫切需求，在构建时空大数据平台时必须充分考虑对二维与三维 GIS 一体化管理与应用的支持，这要求平台在数据管理、数据显示、分析应用以及服务发布等多个维度上全面实现二维和三维一体化支持，旨在为各领域的用户提供更加灵活、可靠的服务，推动智慧城市建设的深入发展。

3.4.4　基于云架构的地理信息应用建设需求

融入云计算技术是时空大数据平台与地理空间框架平台相区别的关键特性之一，主要包括：

（1）市政府已构建了覆盖全市范围的电子政务云平台，旨在实现网络、机房、平台、设备管理、规范、数据标准及运维等各方面的统一，旨在为各政府部门打造一个高效、协同的应用环境支撑服务体系。鉴于此，时空大数据平台的建设应充分考虑对云环境的兼容性，依托电子政务云平台进行布局与构建。

（2）在基于时空大数据平台推动智慧应用的过程中，各部门业务应用系统应逐步减少对基础软硬件设备的直接采购依赖，转而依托时空大数据平台提供的云功能分区来搭建各自的 GIS 应用系统。同时，通过云中心实现对各云分区的全面监控与动态管理，实现资源的灵活调度与自动配置。这一转变将深度挖掘云计算技术的潜力，从而根本性地重塑地理信息应用的推广模式与实施方法。

3.5　建设内容

时空大数据平台的整体建设是一项长期、复杂且系统性的工程，其涵盖的建设内容广泛而深入，涵盖但不限于数据采集、数据治理、数据管理、数据更新及服务资源转换、管理系统以及应用系统的构建等多个方面。按照图 3.1 所示的时空大户数据平台总体框架，将稳步推进以下的关键建设内容，主要包括：

（1）基础设施云。

基础设施云主要致力于构建并强化数据交换域体系，同时积极扩展资源申请渠道，以确保云环境中的数据安全性与跨网络环境的共享交换效率。具体而言，这一工作涵盖了涉密网、政务网及互联网等多个网络环境的基础环境建设，旨在实现数据在多个网络间安全、高效地传输与共享。

（2）数据中台。

数据中台主要致力于精准采集市重点区域的三维数据，对既有数字地理空间框架建设所累积的数据成果，以及市规划和自然资源局现有的信息化成果进行全面梳理与处理，进而构建一套系统化的数据库体系。该体系主要的功能包括：

① 基础地理数据库、主题数据库以及业务协同数据库，旨在为各类应用提供坚实的数据基础。

②将积极展开数据管理系统的研发与建设工作，旨在通过该系统实现数据的高效查询、严谨管理以及实时更新等功能，从而确保数据的准确性、时效性与可用性。

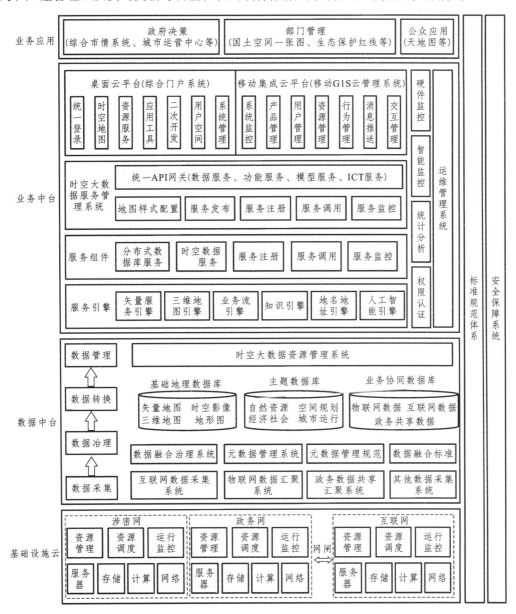

图 3.1　时空大户数据平台总体框架

③这一数据管理系统的建立，将直接面向业务中台建设提供强有力的服务支撑，推动业务流程的优化与升级，实现数据价值的最大化利用。

（3）业务中台。

业务中台基于数据中台架构，整合矢量服务引擎、三维地图引擎、业务流引擎、知识引擎、地名地址引擎、人工智能引擎及其配套服务组件，构建一个全方位的业务中台体系。此体系将涵盖时空大数据服务管理、桌面云平台（综合门户系统）、移动集成云平台（移动 GIS 云管理系统）以及运维管理系统等核心模块，旨在为政府决策提供科学依据，提升部门管理效率，满足公众应用的多元化需求，提供全面而有力的服务支撑。

（4）业务应用。

业务应用依托业务中台，成功构建了政府决策、部门管理、公众应用等业务应用平台，其中政府决策主要包括综合市情系统、城市运营中心等，部门管理主要包括国土空间一张图、生态保护红线等，公众应用主要包括天地图等。这些系统的构建，旨在为领导层的决策提供坚实的数据支持与业务分析，同时，也为各部门的日常管理工作提供高效、精准的业务支撑服务。

（5）构建标准规范体系。

标准规范体系依托现有规范框架，进一步优化并完善数据标准规范、数据生产规范、服务接口规范以及新增应用与运行管理规范。这一系列举措旨在确保所有环节均达到高度统一和标准化，以支撑业务的稳健运行与持续发展。

（6）运行保障机制。

保障机制是指建立时空大数据平台的数据更新机制、运维管理机制及平台应用服务机制等。

3.6   信息量指标

在平台构建的过程中，对于信息量的分析是至关重要的环节。这一分析过程，主要聚焦于项目的多个关键维度，包括但不限于数据处理量、数据存储容量以及数据传输流量等核心要素。通过深入剖析这些方面，能够更准确地把握平台的信息处理能力，为后续的决策与优化提供坚实的数据支撑。

3.6.1   数据处理量分析

时空大数据平台是一个基础性平台，需要为全市的政府部门、企业和公众提供服务。按照一期规划情况，平台建成后按照 60 个部门（或企业）接入平台，每个部门 20 人使用，共 1 200 人，按并发量的通用计算公式[并发数=用户数 ×（5%~20%）]，此平台的并发量为 240，因此，至少需要考虑 240 人的并发量。在公众应用方面，应能支持 1 000人的并发。

3.6.2   数据存储量分析

项目新建的数据主要包含两大类别：一是时空信息数据，二是地图切片数据。这两类数据均为项目核心组成部分，对于项目的后续进展具有至关重要的作用。

3.6.2.1　时空信息数据存储量分析

本项目的时空数据包括矢量数据、影像数据、倾斜摄影测量数据、地名地址数据、实时感知数据（如物联网节点数据、动态监测数据）等。数据存储量分析内容主要包括：

（1）本期矢量数据。

本期矢量数据，按照覆盖市域 800 平方公里预估，1∶500 比例尺、约 12 800 幅、每幅约 3.2 MB，共计 3.2 MB/幅*12 800 幅=40 960 M=40 GB，因此矢量数据大小为 40 GB。

（2）本期影像数据。

本期影像数据，按照覆盖市域 1.08 万平方公里预估，0.2 米分辨率，影像测量数据大小约为 780 GB。

（3）本期倾斜摄影测量数据。

本期倾斜摄影测量数据，按照覆盖市 100 平方公里，倾斜摄影测量数据大小约为 40 GB。

（4）本期地名地址数据。

本期地名地址数据，按照覆盖县域约 100 平方公里预估，其数据量与矢量数据相当，按照 1∶500 比例尺、约 1 600 幅，共计 3.2 MB/幅*1 600 幅=5 120 MB=5 GB，因此地名地址数据为 5 GB。

（5）本期专题数据。

本期专题数据包括地下管线、地下空间、空间规划以及其他与应用相关的数据，这类数据也会不断增长，按照 1 年的数据量预估，需要预留至少 100 GB 空间。

（6）本期物联网节点数据。

本期物联网节点数据包括路桥、气象、水利、绿色建筑物等的监测数据，这些数据为文本数据，但是动态流入需要实时存储，预设这些数据可以保存一个月，则需要预留至少 500 GB 的空间。

按照上述数据的测算结果，所需要的数据存储量为 40 GB+780 GB+40 GB+5 GB+100 GB+500 GB=1 465 GB，由于尚有其他额外存储开销，数据存储量可以取 1 500 GB。由于需要支撑基础版、政务版、公众版 3 个网络的应用，分别存储 3 个版本的原数据，数据存储量约需 1 500 GB*3=4 500 GB。

此外，本期还涉及动态监测及互联网数据，主要为交通路况、水电气以及其他数据，此类数据增长很快，按照 1 年的数据量预估，需要预留至少 0.5 T 的存储空间。

3.6.2.2　地图切片数据存储量分析

地图切片数据是指通过对时空数据进行切割处理，形成具有不同级别的切片集合。这些切片数据被划分为政务版和公众版两个版本，以满足不同领域的需求。数据存储量达到约 1 000 GB，体现了数据规模的庞大与完整性。

3.6.2.3　数据存储总量分析

根据上述主要数据的存储量，本期数据存储量将达 6 T。同时，时空云平台一期目前数据资源已有 4 T，共需存储量约 10 T。考虑两套坐标系下运行，应考虑 20 T 空间。同时，考虑 30% 的冗余空间，本期应考虑共 26 T 的存储空间。一期共申请了约 14 T 存储空间，本期需申请约 12 T 存储空间。

3.6.3　传输流量分析

项目涉及的数据类型包括文本、结构化数据、时空数据、多媒体数据等部分，项目的传输速率要求主要包括：

（1）数据的网络传输速率一般为 1 MB/s 以内即可满足要求。

（2）结构化数据主要是系统管理数据，网络传输速率通常为 1 MB/s 左右即可满足要求，但流量不均匀，在进行批处理时考虑到突发状况，传输速率通常为 4～6 MB/s 左右即可满足要求。

（3）对非结构化数据如地图切片、三维模型数据、视频数据等，需要的网络传输速率在 4 MB/s 以上。

按照上述需求，结构与非结构化数据传输速率需 6 MB/s 以上。

由于宽带带宽是以位（bit）来计算，而下载速度是以字节（Byte）来计算，1 字节（Byte）等于 8 位（bit），1 024 Kb/s 是代表上网带宽为 1 024 千位（1 Kb），而下载速度是 128 千字节/秒（KB/s），即带宽/8=下载速度。按照 8 倍的计算率，6 MB/s 的传输速率需要带宽 6 MB（字节）*8=48 MB（位）。可能存在多个传输，为了保证传输顺畅，建议考虑 2 倍以上带宽，即带宽在 100 MB 以上。

3.7　系统性能指标

为了确保系统高效运作，在性能层面必须达到以下标准：

（1）地图浏览功能的响应时间应严格控制在 0.8 s 以内。

（2）地图查询操作的耗时则需限制在 2 s 之内。

（3）针对政务应用，系统需具备处理至少 240 个并发用户的能力，此并发量是基于全市 60 个部门接入，每部门预计有 20 名用户使用的情境计算得出，总体用户规模预计为 1 200 人，而并发用户量则依据总用户数的 5% 至 20% 范围设定。

（4）面向公众用户时，系统应能够稳定支持 1 000 人以上的并发访问。

（5）此外，系统需确保能够持续无间断运行，连续运行时间应达到 7*24 h 的标准。

第 4 章
时空大数据与云平台总体设计

4.1　平台定位

在数字城市建设的进程中，为了促进地理信息的广泛共享与高效应用，原国家测绘地理信息局正式倡导并实施了"数字中国地理空间框架"的构建计划。该计划旨在通过试点与全面推广，构建起涵盖空间基准、基础地理信息数据库以及地理信息公共平台在内的数字城市地理空间框架。随着"地理信息+"战略的深入实施，这一框架体系已逐步转型升级为时空信息基础设施。在此转型过程中，原有的空间基准被时空基准所取代，基础地理信息数据库则扩展并升级为时空信息大数据，同时，地理信息公共平台也相应进化为时空大数据平台。此外，支撑环境亦实现了由分散向集约的转变，为智慧城市的全面发展提供了坚实而全面的支撑。

数字城市阶段与智慧城市阶段的结构框架对比图如图 4.1 所示。

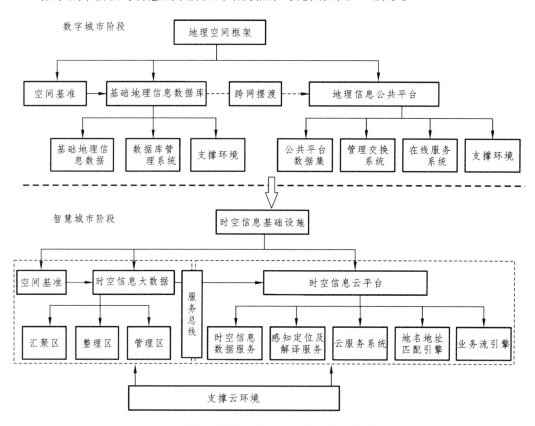

图 4.1　数字城市阶段与智慧城市阶段的结构框架对比

2012 年，原国家测绘地理信息局启动了"智慧城市时空信息云平台"建设试点工作，旨在通过新技术的融合、数据的持续更新以及功能服务的提升，以满足智慧城市建设中对地理信息资源集约共享与协同应用的迫切需求。为确保试点工作的顺利进行，推动地理空间框架向时空信息基础设施的顺利转型，原国家测绘地理信息局携手多个相关部门，共同制定了《智慧城市时空大数据与云平台建设技术大纲》（2017 版）。

随着 2019 年国家部委机构改革的深入，自然资源部积极响应党中央、国务院的号召，面向国家智慧城市、大数据发展战略以及自然资源管理工作的实际需求，结合当前测绘新技术的快速发展趋势，基于前期试点工作的宝贵经验，对 2017 版技术大纲进行了全面修订与完善，最终发布了《智慧城市时空大数据平台建设技术大纲》（2019 版）。

《智慧城市时空大数据平台建设技术大纲》（2019 版）明确要求：

（1）时空大数据平台的核心组成部分涵盖时空基准、时空大数据、时空云平台以及支撑环境。其中时空大数据涵盖了基础时空数据、经济社会数据、物联网实时感知数据、互联网在线抓取数据等多个维度，配备了先进的数据引擎和多节点分布式大数据管理系统。

（2）时空云平台则根据实际应用场景的不同，细分为桌面平台与移动平台，以满足用户在不同环境下的便捷使用需求。这两类平台均以云中心为基石，根据具体的运行网络和硬件环境，量身打造相应的桌面端与移动端服务系统及功能。

（3）云支撑环境则涵盖了标准规范、机制等软性环境以及服务器、网络等云计算基础设施，鼓励有条件的城市将时空大数据平台迁移至全市统一的云支撑环境中，以实现资源共享与协同。

（4）对于条件尚不成熟的城市，则建议改造原有部门支撑环境，部署时空大数据平台，逐步构建起云服务能力。

4.1.1　时空大数据云平台基础设施

在前期数字城市建设的基础上，已构建起一库三平台的体系架构，即基础地理信息数据库，以及分别面向业务部门应用、辅助决策、民生服务 3 大领域的基础版、政务版、公众版地理信息公共服务平台。此体系已服务于超过 10 个具体应用场景，成为时空大数据与云平台建设不可或缺的核心支撑与关键组成部分。

"时空大数据云平台"作为城市公共信息平台建设的关键要素，其核心之一的时空数据库建设，构成了大数据中心建设的基本框架与基石。该平台深度融合了地理信息、云计算、物联网、大数据及互联网等前沿技术，以时空信息为核心框架，全面整合并实时感知全市范围内的各类信息资源与应用服务。通过提供无缝集成、自动组合、灵活定制的时空信息服务，该平台不仅为政府部门、企业及社会公众带来了前所未有的便捷与高效，更为政府部门的信息资源整合、共享及大数据挖掘分析设立了统一的标准与基准。同时，它还为跨部门资源共享、综合应用与协同服务提供了强有力的支撑，成为推动智慧城市建设迈向新高度的重要突破口与落脚点。

图 4.2 直观地展示了时空大数据云平台的基础设施、架构和内容。

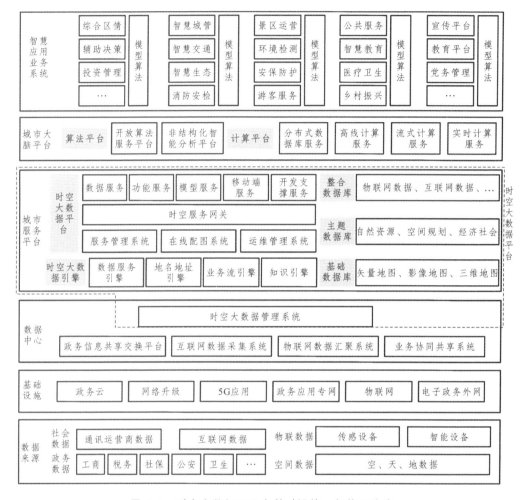

图 4.2　时空大数据云平台基础设施、架构和内容

4.1.2　数字地理空间框架的提升、发展和延拓

　　时空大数据平台并非意味着全新系统的构建，而是对既有数字地理空间框架的深化、拓展与优化。具体而言，时空大数据平台是在现有的数字地理空间框架基础之上，通过数据的全面升级、平台的强化以及支撑体系的完善，推动数字地理空间框架向智慧时空大数据平台的跨越式发展。这一过程不仅实现了原有数字城市空间基础设施向智慧城市时空基础设施的转型，还极大地增强了时空信息服务在智慧城市各领域中的公共服务效能。两者之间的关系密切且相辅相成，共同支撑起智慧城市的建设与发展，主要包括：

　　（1）数据优化提升。

　　基于既有的数字地理空间框架数据库，实施了全面的数据增强策略，包括数据量的扩充、时间属性的嵌入以及数据结构的重组，旨在将传统框架数据转型为先进的时空信息大数据体系。此过程中，引入了高分辨率影像数据、三维立体模型数据、倾斜摄影技术获取的详尽数据以及物联网节点监测数据等多元化信息源，以丰富数据内容。同时，依据实际应用场景的需求，我们灵活地在数据库、数据集或具体对象层面附加时间维度信息，确保数据的时效性与可追溯性。进一步地，我们执行了数据的深度整合与统一编码工作，实现了时空信息的无缝衔接与一体化管理，为数据的深度挖掘与高效利用奠定了坚实基础。

（2）平台扩展。

平台扩展方案旨在深化已构建并投入使用的地理信息公共服务平台的功能与效能。该方案首要任务为实施系统架构的全面升级，以确保平台能够无缝迁移并高效运行于基础设施云环境之中。此外，计划引入时空大数据资源管理系统，该系统将实现对时空数据的全面整合、统一组织、精细管理及动态更新，以提升数据管理的效率与准确性。

进一步增强平台的服务能力，还将增设时空大数据服务接口模块。该模块将提供多样化的接口支持，以满足不同应用系统对于时空大数据的访问与利用需求，从而助力各类应用系统的建设与优化。通过上述措施的实施，将地理信息公共服务平台成功转型并扩展为功能更为强大、服务更为丰富的时空大数据平台，以更好地服务于社会经济发展与信息化建设。

（3）支撑体系优化提升。

支撑体系优化方案主要聚焦于两大核心方面：

① 致力于完善数据更新机制，力求实现从传统的定期更新模式向实时动态更新的跨越，确保时空信息数据能够保持高度的时效性与鲜活性。

② 着力于改善基础运行环境，将平台部署方式由传统的物理单机模式升级为云环境中的虚拟机部署，以更好地适应用户需求变化，实现资源的灵活调配与动态伸缩。此外，还将构建全面的知识库体系，依托智能化技术，根据用户的具体需求进行数据与系统功能的个性化组装，以充分满足用户的多样化、个性化需求。

4.1.3　市规划和自然资源局的信息化基础服务平台

2019 年 2 月，鉴于政府机构改革的深化，市规划和自然资源局正式挂牌成立。该局融合了多个部门的相关职责，包括但不限于国土资源局的全部职能、市发展和改革委员会的主体功能区规划编制、市住房和城乡建设委员会的城乡规划管理、市水利局的水资源调查与确权登记管理、市水产畜牧兽医局的草原（地）资源调查与确权登记管理、市林业局的森林、湿地等资源调查与确权登记管理、市海洋局的海洋自然资源调查与确权登记管理，以及市政府办公室的土地征收征用等职责。这一整合不仅是对职责的重新划分与人员配置的调整，更是对业务体系的一次深刻化简与规整，从根本上解决了自然资源所有者不明确及空间规划重叠等问题。

作为市规划和自然资源局成立后首个启动的信息化项目，时空大数据平台的建设需紧密围绕其全新的业务体系展开。针对当前各类信息化系统中存在的功能重叠、服务缺失、数据冲突等问题，该平台应遵循统一入库、统一管理、统一更新的原则进行构建，旨在实现资源的集约化配置，从而构建起一个能够全面支撑局内各项业务体系的信息化基础服务平台。在此基础上，平台将进一步拓展其服务范围，为市政府、企业及公众等多元主体提供高质量的地理信息服务。

4.1.4　市规划和自然资源局的开放共享平台

时空大数据平台旨在作为基础性信息平台，为内部信息化业务提供坚实支撑，广泛服务于政府、企业及公众，其核心目标在于扩大用户基数，促使更多用户依托该平台的服务资源，构建并优化业务系统。为实现这一目标，平台特作以下定位，主要包括：

（1）平台被设计为具备高度生命力与可扩展性的架构。

该平台依托于云计算环境运行，能够依据应用的实际需求，实现资源的自动弹性伸缩与灵活扩展。无论是系统数据库还是功能子系统，均具备可扩展性，以适应地理信息服务平台不断发展的需求。

（2）平台致力于构建一个开放的生态系统，为各类业务系统搭建提供开放 API 接口。

平台设计成为一个开放的平台，通过提供数据与功能一体化的开放 API，为开发用户（包括但不限于各类开发商）创造便利条件，使开发用户能够轻松地将地理信息服务融入政府各部门的业务流程中。API 接口将按需扩展，通过市场竞争机制"优胜劣汰"，逐步实现 API 的稳定化与标准化，同时确保这些 API 不受底层技术及软件平台变动的影响。

（3）平台被规划为一个充满活力的运营平台。

该平台将深入挖掘并满足各类用户的多样化需求，提供功能丰富、应用广泛的服务。例如，为企业用户提供"智能可视化分析服务"，为不同单位定制"个性化地图样式"及多种数据服务，同时为个人用户提供便捷的"宿主服务"等。通过这些增值服务，平台将实现收益增长，吸引更多用户加入，从而构建起一个良性的、可持续的发展模式。

4.2　总体设计原则

4.2.1　开放性原则

时空大数据平台的体系架构应当秉持开放性的原则。具体而言，这一架构需支持各使用单位之间共享计算资源、存储资源、网络资源、开发接口以及地理信息功能软件服务，以促进资源的有效利用和协同合作。同时，该平台还应具备将用户所提供的上述服务能力便捷地集成至云平台的能力，从而进一步提升服务的灵活性和可扩展性。

4.2.2　可扩展性原则

系统架构应当兼具先进性与可扩展性，确保建设完成后的系统能够平稳过渡到新技术，有效保护既有投资。设计方案需实现现有资源与应用系统的高效集成，确保系统结构合理、易于扩展，便于适应未来可能的调整、扩充或删减需求。此外，系统应具备与其他系统的接口能力，以充分利用各系统优势，实现功能互补。

4.2.3　继承性原则

在构建时空大数据平台的过程中，应全面依托既有的地理空间框架建设成果，深度融合云计算服务的核心理念与技术思路，旨在构建一个基于云环境、遵循云架构原则的先进平台。该平台充分利用云计算的优势，提升数据处理能力、增强数据存储效率，确保数据的实时性、安全性和可访问性，以支持更广泛、更深入的空间信息分析与应用。

4.2.4　实用性原则

系统设计应紧密结合实际需求，以应用为核心，依托应用部门的指导，秉持注重实效的原则，采用成熟技术手段，力求打造界面清晰、功能实在、操作便捷的系统，以有效应对并解决用户在实际业务中遇到的各种问题。

4.2.5　安全性原则

为确保系统运行的安全性，需从多维度进行周全设计，涵盖物理环境（如机房、网络及设备的防护）、数据层面、应用层面以及安全管理制度等各个方面。针对部署于公有环境的应用，务必确保所涉及的计算资源、存储资源以及地理信息数据与专题数据等，严格排除任何与国家安全保密相关的内容及事项。对于涉及保密信息的资源，必须依据国家相关规定，部署于自有且合规的环境中，以保证信息的安全性与保密性。

4.2.6　智能化原则

时空大数据平台应将计算资源、存储资源、数据服务及功能服务等要素进行整合，构建成一个可共享的资源池，以按需向用户提供各类服务及二次开发接口等资源，同时实现自动组合的功能。在服务过程中，该平台应具备统计和学习能力，以便不断优化服务质量和效率。此外，平台应逐步构建并丰富资源特征库和需求知识库，以增强其智能性和适应性。同时，平台还应具备一定的自然语言描述理解能力，以便用户能够自定义业务流程，从而获得更为智能化和个性化的服务支持。

4.2.7　重点性原则

智慧城市建设是一项复杂而系统的工程，其核心在于构建稳固的时空信息框架，特别是聚焦于时空大数据平台的搭建。这一举措旨在为智慧城市的建设奠定统一且坚实的基础，确保时间与空间维度的协调一致，从而成为推动智慧城市建设深入发展的关键突破点与最终归宿。

4.3　设计思路

4.3.1　以时空信息驱动智慧城市的建设和运营

时空大数据平台作为智慧城市不可或缺的时空基础设施，其核心在于整合并优化时空信息，以此为基础构建针对各行业专题的综合性解决方案。该平台致力于统筹管理城市地理信息服务，通过先进技术手段实现城市时空数据的全面汇聚、深度融合与高效服务，从而为智慧城市的构建与运营提供强大驱动力。以时空信息驱动智慧城市的建设和运营如图 4.3 所示。

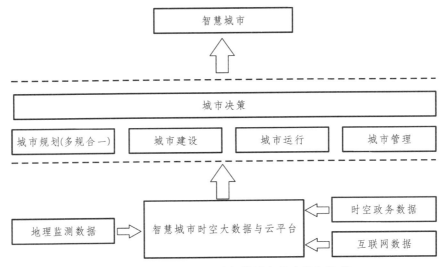

图 4.3　以时空信息驱动智慧城市的建设和运营

时空大数据平台作为智慧城市建设的核心时空基础设施，通过深度整合政务数据、地理监测数据及互联网数据等多源数据资源，为城市规划、建设、运行、管理及决策等关键环节提供坚实支撑。该平台致力于向政府、企业及公众提供全方位、一体化的时空信息数据服务，促进空间数据的融合与共享。

时空大数据平台积极助力智慧城市的专项应用发展，包括但不限于智慧建设、智慧市政、智慧城管、智慧环保及智慧交通等领域，通过精准的时空信息赋能，驱动智慧城市的整体建设与高效运营，推动城市治理现代化进程。

4.3.2　形成全空间一体化的时空大数据体系

时空大数据平台主要聚焦于信息资源的全面整合与高效利用，通过精心构建一个包括实体库、指标库、模型库（传统算法）、知识库（机器学习）在内的 4 级进阶模型体系，实现了数据（Data）汇聚、信息（Information）分析、知识（Knowledge）发现以及智慧（Wisdom）服务的深度融合与一体化运作，该模式简称为"DIKW"模型。DIKW 模型旨在充分挖掘并展现数据的内在价值，为决策提供坚实支撑。全空间、多层次的时空大数据体系如图 4.4 所示。

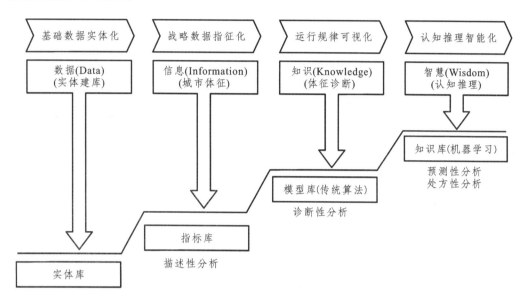

图 4.4　全空间、多层次的时空大数据体系

时空大数据平台所构建的"DIKW"模型，最终凝练为实体库、指标库、模型库及知识库 4 个核心库。这一体系全面覆盖了全空间与多层级，旨在实现基础数据的实体化呈现、战略数据的指征化表达、运行规律的直观可视化展示，以及认知推理的智能化演进。此体系深度挖掘平台数据的潜在价值，以满足不同层次用户的多样化需求。时空大数据平台的 4 个核心库的具体内容主要包括：

（1）实体库。

实体库定位为全空间一体化的城市基础数据库，包括基础地理、行业专题、实时动态等信息。

（2）指标库。

指标库是城市战略库，在实体库基础上根据城市需求构建多维度的城市指标体系，镌刻城市画像，表达城市体征，指标具有周期性和客观性的特征，可对城市信息进行量化以及更客观的表达。

（3）模型库。

模型库为传统算法库，模型库是专家业务经验的总结，针对特定的问题，依托专家资源制定相应的算法和具体公式，其权重由领域专家根据经验和标准给出，是基于领域专家对城市的认知，对城市运行规律的表述。

（4）知识库。

知识库是通过机器学习和模型训练而得到的知识，应用于"地理预测""地理控制"领域，一方面可预测城市未来，另一方面可对城市发展进行更科学的干预和控制。

4.3.3　平台提供多种云服务模式，提高智慧应用建设效率

时空大数据平台为了全面满足多元化用户需求，精心设计了 6 种云服务模式，分别为平台直接调用模式、平台 API 应用模式、智能组装应用模式、数据托管应用模式、市县一体化应用模式和前置服务节点应用模式。这些模式旨在灵活应对各类用户场景，确保用户能够根据自身需求选择合适的服务方式，如图 4.5 所示。

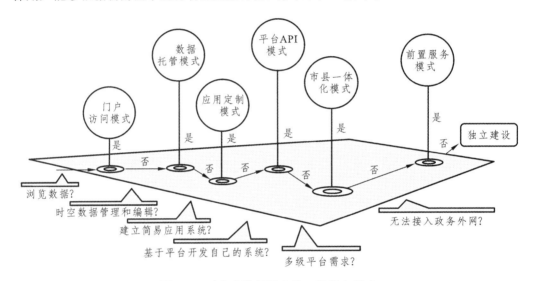

图 4.5　时空大数据平台的 6 种服务模式

时空大数据平台的 6 种云服务模式的具体内容主要包括：

（1）平台直接调用模式。

用户可通过平台直接调用模式，利用资源展示、时空大数据分析等功能，轻松访问并使用平台资源，无须进行额外操作，其特点在于操作简便且直观。然而，此模式仅限于使用平台已提供的数据，用户无法对平台内的数据进行维护或管理。因此，该模式更适宜于仅需浏览平台数据的用户群体。

（2）平台 API 应用模式。

为更有效地利用平台数据资源和软件系统，本平台构建了服务资源池，通过 Web API 的形式对外提供服务。用户能够将平台的 API 无缝整合至其应用程序中，这一方式在定制开发方面展现出高度的灵活性。然而，该模式主要面向具备应用开发能力的用户，因此使用门槛相对较高。总体而言，此模式特别适用于拥有一定应用开发能力的用户群体。

（3）智能组装应用模式。

在构建应用系统的过程中，传统方法往往伴随着高昂的经济和时间投入；而智能组

装模式则通过创新的零代码在线定制方式，显著降低了这一门槛，实现了应用系统构建的快速化与成本效益化。智能组装应用模式的核心优势在于能够迅速且经济地构建出符合用户需求的应用系统，尽管其功能范畴主要聚焦于通用的数据增删、修改、查找等操作，以及专题图与统计图的展示等常规功能。因此，智能组装模式尤为适用于那些追求成本效益并期望能够迅速搭建起一般应用系统的用户群体。

（4）数据托管应用模式。

数据托管模式为用户提供了一个基于平台的环境，以编辑和管理其空间数据。数据托管模式的显著优势在于，用户无须构建任何应用系统，即可直接实现空间数据的编辑、查询、管理及专题图制作等操作。值得注意的是，数据托管模式要求用户必须将数据托管至平台之上，不支持数据的本地化管理模式，因此该模式特别适用于对空间数据编辑有一定需求与依赖的用户群体。

（5）市县一体化应用模式。

市县一体化应用模式是指通过在线手段，依托时空大数据平台，迅速构建县级节点的一种高效模式。市县一体化应用模式的显著优势在于能够全面实现市县两级在基础设施、数据资源、平台软件及系统运维等方面的深度融合与一体化管理。市县一体化应用模式不仅促进了区县级平台的迅速构建与部署，同时也对业务数据的托管提出了明确要求，即统一托管至市级平台，以确保数据的集中管理与高效利用。因此，市县一体化应用模式适用于区县平台用户及市级部门节点用户，旨在通过资源的优化配置与共享，提升整体工作效率与服务水平。

（6）前置服务节点应用模式。

前置服务节点应用模式旨在通过为用户直接部署一套能够离线提供时空信息服务的物理节点，以解决业务部门专网等环境下用户无法直接连通平台的问题。前置服务节点应用模式的显著优势在于，可以为网络限制而无法接入平台的用户开辟了一条新的访问途径。值得注意的是，该模式要求用户自行提供服务器等必要的硬件资源，受限于离线部署的特性，无法实现与主平台数据的即时同步。鉴于其特性，前置服务节点应用模式尤为适用于公安等因特殊原因无法接入电子政务外网的用户群体。

4.3.4　建立平台常态化运营推广机制，打造时空大数据平台品牌效应

时空大数据平台，作为智慧城市不可或缺的时空基础设施，其服务形态已超越单一信息系统的范畴。该平台深度融合了数据服务、软件服务、平台推广、活动策划与宣传等多个维度，致力于提升平台品质与用户黏性，以更加贴心、周到的服务满足用户需求。同时，平台还积极打造独具特色的地图服务品牌，进一步推动地理信息事业的繁荣发展。

1. 数据服务

依托时空大数据平台所具备的丰富时空数据资源及其平台建设和运营单位在数据生产建库与数据处理方面的显著优势，致力于为用户提供集生产、处理、建库、服务、

应用于一体的全面时空信息服务。

2. 软件服务

基于该平台及其所提供的多元化云服务模式，致力于为用户精心定制出更为优质、迅捷、高效的应用软件平台，该平台将紧密贴合用户的具体需求，充分挖掘和发挥平台时空数据的潜在价值。

3. 平台推广

在围绕重大活动展开的策划中，紧密把握时事热点，依托天地图公众版平台精心策划并实施一系列线上、线下活动。通过充分利用该平台所具备的政务资源优势，致力于为社会公众及企业用户提供更加高效、便捷的时空信息服务。同时，积极致力于构建时空大数据平台的品牌效应，以期在行业内树立更为稳固和积极的形象。

4.3.5　构建时空信息服务生态圈

时空大数据平台是一个综合性的信息汇聚平台，广泛涵盖了社会经济、城市建设、城市管理等多个关键领域，其显著特征在于数据类型的多样性与数据规模的庞大性。为了进一步优化数据质量、提升算法模型的科学性、加速数据处理效率并确保系统运行的稳定性，需要构建一个完善的时空信息服务生态圈（具体参见图 4.6）。此生态圈旨在稳固数据来源的可靠性，促进数据模型的科学创新，推动应用系统的高效运行并实现系统运维的常态化与精细化。

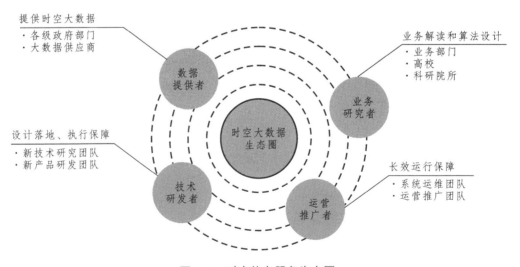

图 4.6　时空信息服务生态圈

时空大数据平台作为智慧城市构建中的基石性架构，其核心功能在于作为时空数据的权威提供者。时空大数据平台致力于整合来自多个政府部门及大数据供应商的数据资源，与各级政府部门及大数据供应商紧密合作，共同构筑起一个稳固的数据供给体系，基于这一体系构建起融合多元数据的时空数据仓库。

为了深入挖掘数据所蕴含的价值，平台积极倡导跨学科、跨领域的合作，联合业务部门、高校及科研院所的顶尖专家，组建专业的领域专家团队，将致力于深入剖析城市业务逻辑与算法原理，精心设计与广泛收集涵盖各领域的城市模型，以不断丰富和完善平台的知识库体系。

为了确保平台设计理念与战略蓝图能够迅速转化为现实成果，平台特别组建了项目研发与实施团队。该团队将承担起设计方案的落地实施与执行保障的重任，确保平台上的每一个创新想法和前瞻思路都能得到及时、有效的实践检验。

此外，为了保障系统运行的稳定性与高效性，平台还设立了专门的系统运维团队与运营推广团队。系统运维团队一方面负责监控与维护系统的正常运行，确保系统能够持续、稳定地为用户提供服务；运营推广团队致力于构建长效的运营推广机制，通过多元化的手段与策略，不断扩大系统的影响力与应用范围，进而实现系统价值的最大化与广泛化。

4.4　设计方案

4.4.1　总体架构

时空大数据平台的建设工作，将遵循既定总体规划，分阶段有序推进。首期建设阶段，充分利用物联网、云计算等技术，着力构建时空大数据平台的基础环境，确保平台具备坚实的技术支撑。在此基础上，构建数据中台与业务中台，以及 4 个核心的业务应用系统，旨在实现数据从管理、发布到全面应用支撑的全链条流程。

同时，为了确保平台的安全可靠运行，建立并完善一系列的标准规范及安全保障体系，为平台的持续健康发展奠定坚实基础。设计方案所确定的时空大数据平台总体架构如图 4.7 所示，具体内容主要包括：

（1）基础设施云。

基础设施云作为时空大数据平台架构中的基石，主要体现在硬件资源上。依托系统虚拟化技术，精心构建云主机平台，管理虚拟机模板，从而为数据层提供坚实可靠的操作系统级支撑。基础设施云充分利用云计算中心所提供的先进云环境，借助虚拟机技术，分别在涉密网、政务网及互联网环境中精心搭建基础设施环境。这一举措旨在全方位支持涉密数据、政务数据以及可开放数据的存储、高效管理及广泛应用。基础设施云支持对 CPU 资源、内存资源、存储资源和网络资源等关键资源进行灵活配置，以此为基础模拟出多样化的虚拟机节点。这些虚拟机节点能够精准匹配并满足各类复杂应用的需求，确保整个系统运行的流畅性与高效性。

（2）数据中台。

数据中台是指数据获取的途径，主要基于数字地理空间框架的构筑成果、市级数据开放平台以及市规划和自然资源局现有的信息化成果等核心数据源持续拓宽至物联网及互联网等新兴数据源。

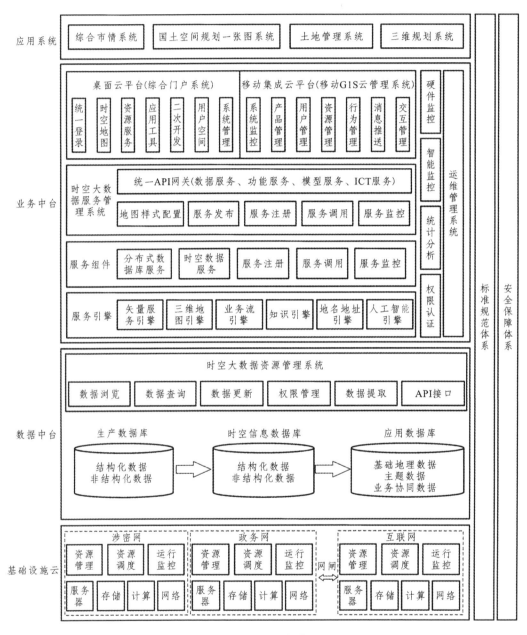

图 4.7 总体架构

数据中台对收集到的数据进行一系列严谨的处理流程，包括数据清洗、整合与空间化处理，以生成标准化的数据成果。随后，对这些成果进行细致的编目与归类，构建出一个全面覆盖的生产数据库、时空信息数据库、应用数据库。在平台运行过程中产生的过程数据及成果数据，均通过时空大数据资源管理系统进行全方位的管理、实时更新与精心维护。时空大数据平台为业务中台提供了坚实的数据服务支撑，确保了数据的准确性与时效性，为项目的顺利运行与持续发展奠定了坚实的基础。

（3）业务中台。

业务中台，作为整个平台的软件核心体系，涵盖多个关键组成部分，包括但不限于服务引擎、服务组件、时空大数据服务管理系统、时空大数据运维管理系统、综合门户系统以及移动 GIS 云管理系统等。服务引擎作为数据资源向服务资源转化的基石，其核心功能在于实现数据至服务的无缝转换，同时提供功能服务、模型服务以及可视化服务等多元化服务选项。在此基础上，服务组件进一步细化，按照服务类型构建而成的服务集合，旨在强化业务服务的管理效能。服务管理系统则专注于对平台内生成的各类服务资源进行严谨的权限管理与监控，同时支持服务编排、服务熔断、服务监控等高级功能，确保服务资源的有效管理与高效利用。运维管理系统则承担起对整个时空大数据平台软硬件及资源服务的全面运行管理与监控职责，保障平台的稳定运行与高效性能。综合门户系统作为服务输出的重要窗口，面向广大用户提供包括数据服务、功能服务、模型服务、时空可视化服务及宿主服务在内的全方位服务支持。最后，移动 GIS 云管理系统则专注于为移动应用系统提供全面管理与支撑，确保移动应用系统的顺畅运行与高效管理。

（4）应用系统。

应用系统，作为时空大数据平台的重要组成部分，旨在为用户提供高度专业化的服务支撑。该系统涵盖了多个关键子系统，包括但不限于综合市情系统、国土空间规划一张图系统、土地管理系统，以及自贸区三维规划管理系统等，这些子系统共同构成了全面而细致的服务网络。

（5）标准规范体系。

作为平台数据建设与软件发展的基石，其重要性不言而喻。它为平台的数据资源整合、数据库建设以及平台服务的广泛应用提供了明确而规范的指导原则，确保了平台各项工作的有序进行。

（6）安全保障体系。

安全保障体系则是平台安全稳定运行不可或缺的一环。该体系通过一系列科学有效的措施，为平台提供了全方位的安全保障，确保了平台在复杂多变的网络环境中能够持续、稳定地为用户提供优质服务。

4.4.2　数据体系架构

项目数据来源较多，按照获取方式可分为网络数据、市规划和自然资源局现有数据、政务共享数据。这些数据通过汇聚，形成原始数据库。原始数据库的数据通过数据抽取、清洗、转换、加载、空间化等处理后进入数据成果库。数据成果库的数据经过编目、抽取、脱敏、更新等操作后形成涵盖基础地理数据库、主题数据库及协同共享库三大数据库。数据生产库、成果库及应用库统称时空信息数据库，采用时空大户数据管理进行管理、维护。最终通过时空大数据平台面向各类应用提供服务支撑。数据体系架构如图 4.8 所示。

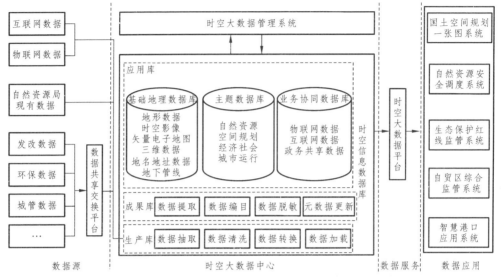

图 4.8　数据体系架构

4.4.3　逻辑架构

时空大数据系统的核心结构由数据中台、业务中台以及应用系统 3 大关键部分构成。具体而言，数据中台扮演着数据全生命周期管理者的角色，负责全面执行数据的采集、存储、管理、更新及维护等核心任务。业务中台则专注于数据资源的深度转化，依据业务需求精心打造功能服务、模型服务及可视化服务等多样化服务形式，旨在对外高效提供时空服务资源。应用系统是依托于时空大数据平台精心构建的行业应用解决方案，旨在有力支撑各部门具体业务的顺畅开展。

关于时空大数据平台的逻辑架构如图 4.9 所示。

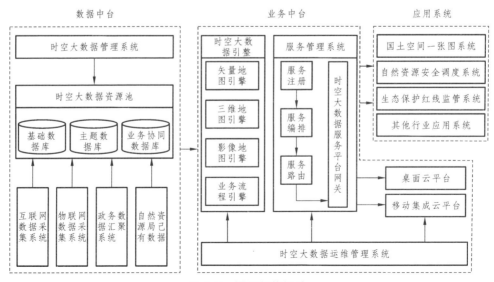

图 4.9　逻辑架构设计

4.4.4 技术架构

时空大数据平台涉及各种类型数据的存储、管理与应用服务支撑，兼顾数据资源清洗、处理，服务资源管理、发布与应用支撑等。技术架构的设计必须考虑系统的良好兼容性、扩展性与高效性，综合运用虚拟化技术、分布式计算技术、数据仓库技术、地理信息技术、数据挖掘分析技术以及各种非结构化数据专业处理技术，构建平台的技术架构，包括基础设施层、数据层、平台层、应用层四个层次，如图 4.10 所示。系统的技术架构主要包括：

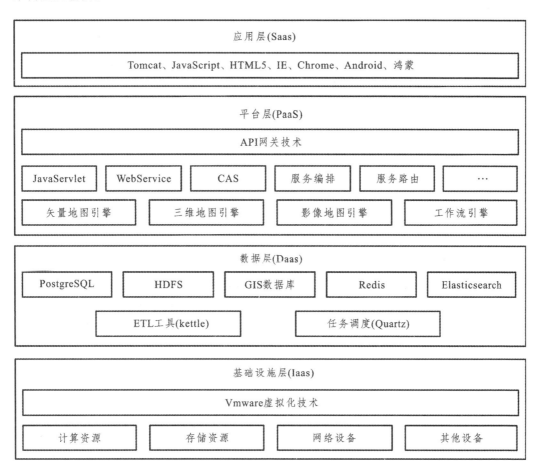

图 4.10 技术架构

（1）基础设施层（Iass）。

基础设施层主要包括计算资源、存储设备、网络设备以及其他设备，主要以云为基础，通过 Vmware 虚拟化技术实现。

（2）数据层（Dass）。

在数据存储方面，非结构化数据需要基于 HDFS 进行存储与管理；结构化数据则采用 PostgreSQL 数据库进行管理，基于 Elasticsearch 进行索引创建，支撑快搜索服务。基于国产化的 GIS 数据库实现空间数据的存储与管理，确保数据安全。采用 Redis 数据库进行数据缓存，确保服务调用效率。数据资源层涉及的数据融合处理可采用基于 Kettle 框架开发的数据 ETL 技术，结合 Quartz 框架进行任务调度。

（3）平台层（Pass）。

平台层采用 Java Servlet 技术为服务资源提供统一服务代理，采用 CAS 技术实现统一的用户认证与单点登录，采用国产化的 GIS 服务引擎进行空间服务的发布与管理，采用 WebService 技术实现属性数据的查询、检索与调用。最终形成的各类服务资源通过 API 网关技术形成统一的、标准化的服务接口，为应用层提供服务支撑。

（4）应用层（Sass）。

基于 Tomcat 进行 Web 系统的开发部署，前端开发采用 JavaScript、Html5 技术，浏览器需要支持 IE10 及以上版本和 Chrome 浏览器。基于 Android 系统进行移动端应用的部署与发布，提供基于 android 的二次开发支撑服务。

4.4.5　技术路线

4.4.5.1　微服务架构技术

微服务是一种架构风格，一个大型复杂软件应用由多个微服务组成。系统中的各个微服务可被独立部署，各个微服务之间是松耦合的。每个微服务仅关注完成一件任务并很好地完成该任务。在所有情况下，每个任务代表着一个小的业务能力。

微服务架构（Microservices Architecture，MA）如图 4.11 所示，其核心思想是一个应用由多个小的、相互独立的微服务组成，这些微服务运行在自己的进程中，开发和发布都不相互依赖。不同微服务通过一些轻量级交互机制如 RPC、HTTP 等来通信，服务可独立扩展伸缩。每个微服务定义了明确的边界，不同的微服务甚至可以采用不同的编程语言来实现，由独立的团队来维护。一个系统的不同模块转变成不同的服务，而且服务可以使用不同的技术来实现。

微服务架构的优点主要包括：

（1）效率高。

一个微服务是一个能独立发布的应用服务，因此可以作为独立组件升级、灰度或复用等，对整个大应用的影响也较小。每个服务可以由专门的组织来单独完成，依赖方只要设置好输入口和输出口即可完全开发，甚至整个团队的组织架构也会更精简，因此具有沟通成本低、效率高的特点。

（2）灵活性。

根据业务的需求，不同的服务可以根据业务特性进行不同的技术选型。无论是计算密集型应用还是 I/O 密集型应用，都可以依赖不同的语言编程模型，各团队可以根据本身的特色独自运作。

（3）高可用性。

在压力较大时，服务也可以包含更多容错服务或限流服务，服务可独立扩展、伸缩，进行分布式部署。

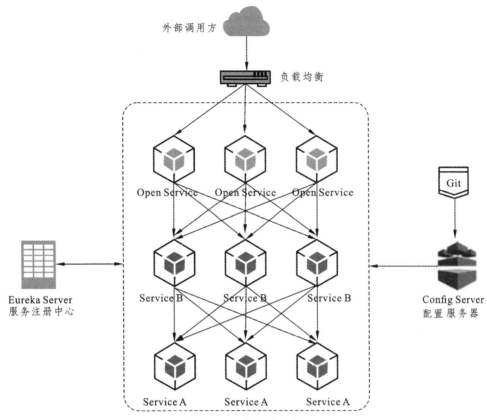

图 4.11　微服务架构

4.4.5.2　API 网关技术

API 网关（API Gateway）是出现在系统边界上的一个面向 API 的、集中式的强管控系统，是系统的唯一入口，其 API 网关逻辑架构如图 4.12 所示。在微服务架构中，API 网关作为整体架构的重要组件，抽象了微服务中都需要的如身份验证、监控、缓存、流量控制等公共功能，同时也提供了客户端负载均衡、服务自动熔断、灰度发布、日志统计等丰富的管理功能。

API 网关的优点主要包括：

（1）网关层对外部和内部进行了隔离，保证了后台服务的安全性。

（2）对外访问控制由网络层转换成运维层，减少了变更的流程和错误成本。

（3）减少客户端与服务的耦合，服务可以独立发展，通过网关层来做映射。

（4）通过网关层聚合减少了外部访问的频次，提升了访问效率。

（5）抽象了服务的公共功能，节约了后端服务开发成本，降低了上线风险。

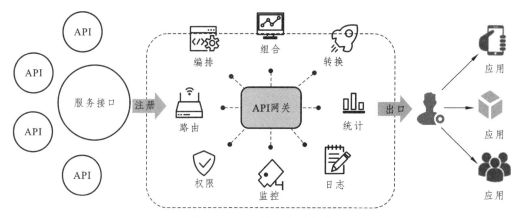

图 4.12   API 网关逻辑架构

（6）为服务熔断、灰度发布、线上测试等提供了简单方案。

（7）实现负载均衡，便于扩展。

传统地图采用瓦片形式进行发布、浏览，导致数据加载慢、地图不清晰、数据查询慢等缺陷。因此，本系统采用全新的矢量数据服务体系，利用矢量数据编码技术构建矢量数据的简化、编码、压缩、发布的整个数据处理流程，实现对矢量数据要素级服务模式。矢量数据编码过程自动实现，对用户而言，只需要设置化简、层级范围以及数据筛选条件等必要参数，即可实现自定义的矢量数据服务。矢量地图服务发布如图 4.13 所示，实现的功能主要包括：

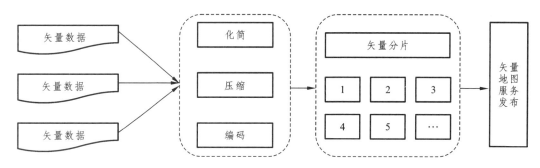

图 4.13   矢量地图服务发布

（1）系统可以自动化地进行制图综合。

基于用户提供的化简参数，能够自动根据图层数据量的大小，在不同显示层级上进行一定程度的化简，不仅减少了数据传输量，而且可以自动根据地图比例尺的变化进行数据增量提取，保证地图浏览过程中不失真、无锯齿。

（2）系统建立了一种全新的数据编码体系。

① 采用高并发的技术手段，能够快速地对多种几何类型进行统一编码。

② 采用分片存储的模式实现对矢量数据的压缩和索引，大幅缩减了空间几何的数据存储量。

③ 前端自动根据屏幕范围快速获取矢量数据编码，通过解析、绘制展示到屏幕。

④ 相较于传统的瓦片地图，具有数据加载快、地图高清晰等特点。

⑤ 支持要素的快速查询，提供了要素级的服务访问，在地图上单击任一要素，利用要素编码快速查询其属性信息并进行展示，真正实现所见即所得。

⑥ 对于编码后的矢量数据，以数据服务为单位，每个服务为一个数据包，方便数据的快速流转和迁移。

4.4.5.3　大数据计算和存储技术

大数据指的是需要新处理模式才能具有更强的决策力、洞察力和流程优化能力的海量、高增长率和多样化的信息资产。大数据具有 4 V 特性即大量（Volume）、高速（Velocity）、多样（Variety）、价值（Value）。项目构建的时空信息数据，种类多样、数据量大、具有挖掘分析的价值，也属于大数据，需要使用大数据技术进行管理。

随着互联网 WEB2.0 的兴起，传统关系数据库在应对超大规模和高并发应用时已显得力不从心，暴露了很多难以克服的问题。NoSQL 数据库（非关系型数据库）由于其本身的特点得到了非常迅速的发展，可以管理 PB（拍字节）级的海量数据。时空大数据平台建设时，将根据数据应用的特点，对平台涉及的时空信息数据进行分类，将结构化数据存储于关系数据库进行管理。非结构化数据利用 NoSQL 数据库进行管理，如地图瓦片数据、地理编码数据以及图片、视频、声音、文档等资料，以提高系统的大数据管理能力，实现从 GB（吉字节）、TB（太字节）级上升到 PB（拍字节）级。

时空信息数据的存储、管理和分析还需借助支持时空大数据的 GIS 专业软件，传统的 GIS 软件以数据获取、存储、管理功能为主，添加了各种时间维度和空间维度的专题图展示功能，具有空间统计、地理分区、路径分析、选址优化等空间分析方法，在城市建设、交通运输、气象预测、区域发展、决策支持等方面发挥了非常重要的作用。但针对时空大数据，面临一些问题和挑战，如现有数据管理和分析算法难以扩展到大规模的分布式并行计算系统、无法满足对非结构化的未知数据的探索性分析的需要等。因此，需要研究基于最新的虚拟化计算基础设施（如 OpenStack/Docker）和分布式计算架构（如 Spark/Hadoop）技术来构建 GISpark，支撑时空大数据分析。

大数据属于一种信息资产，除了对其进行存储管理外，还需考虑如何使该类资产升值，即将数据从无序状态变成有序状态，这就需要对数据进行治理。网格化管理是将管理区域划分为一个个"网格"，对网格化内的目标对象进行精细化管理考评。借鉴网格化管理理念，也可利用网格对时空数据进行治理，建立基于网格的数据评价体系，如每个网格内数据种类的多少、数据的精细程度等，对每一网格内的数据进行评分，促进数据更新和良性发展。

4.4.5.4　开放式的大数据可视化应用技术

开放式的大数据可视化应用是根据数据的特性，结合用户实际使用需求，实现以用户需求为中心的能够进行数据集自定义的数据可视化技术，如出租车的可视化展示，用户可通过数据集选择其需要可视化的相关字段属性，结合数据的时间、空间等特性，按照其需求进行可视化展示，形成热力图、网格图、空间柱状图，结合时间属性进行动态演示，探索交通路况的变化规律。数据可视化是大数据生命周期管理的最后一步，也是最重要的一步。

目前大数据可视化的方式包括交互式探索分析、自助报表、即席查询和 OLAP 分析等在内的灵活多样的交互工具。

1. 交互式探索分析

交互式探索分析模块内置了强大的可视化查询、数据挖掘、统计分析和展示指标等功能组件，以"交互式""探索式"的使用体验方式为用户提供了从数据集配置、各参数设置到分析数据集的获取、操作、展示、保存及用户账号管理等一系列、一整套操作，极大地简化了操作步骤及难度，最大程度地为用户提供一体化分析，降低烦琐度，使用户可以以一种更加快捷、智能、高效的方式来利用时空大数据平台中的海量数据资源，轻松分析出不同广度和深度的海量数据所代表的城市运行的各项指征，帮助数据使用者更好地应对分析海量数据所面临的挑战，有效提升管理者工作效能。交互式探索分析实现的功能主要包括：

（1）提供计算列、汇总行、交叉表等分析过程中常见的数据操作。

（2）供柱状图、折线图、散点图、气泡图、复合图等多种经典分析方法。

（3）提供频数分布、预测类、分类等多种数据挖掘方法。

2. 自助报表

自动报表提供针对业务管理及决策支持领域、面向最终用户使用的可视化纯 B/S 的报表工具。自助报表模块开创性地提出了非线性报表模型、强关联语义模型等先进技术，提供开箱即用的报表定制工具，使用户不需要掌握复杂的专业开发技能就可以直接基于业务术语和可视化进行设计，随时按自己的需要直接完成分组、主从、嵌套、交叉等各种复杂报表的制作和数据分析，从而提高报表的构建速度，更加方便业务人员进行自主定义报表，大大提高了业务支撑效率。自动报表实现的功能主要包括：

（1）支持多种报表格式，从不同角度或不同层面展示数据。

（2）支持可视化报表设计，所有报表设计操作均在可视化界面下完成。

（3）支持数据选取函数、统计函数、时间函数等多种函数，便于进行数据计算。

（4）支持 EXCEL、CSV、文本、图片等多种格式文件的导出，满足大数据量的数据导出。

3. 即席查询

即席查询利用专业先进化的技术，使用户随时可以面对数据库获取所希望的数据，能够有效地减少取数环节，实现快速取数响应，有效缓解支撑人员的工作压力，是一种具有高响应特点的查询手段，为管理者及时深入、准确地掌握业务发展动向提供支撑。即席查询是一种条件不固定、格式灵活的查询报表方式，进行全表扫描的操作，响应速度为秒级。

用户以直观、拖拽的方式系统快速展现数据查询后的内容，以简单的操作方式便捷地完成查询、运算过程。即席查询工具简化了数据查询流程，大幅度提升数据查询效率，高效节约大量时间，从而降低了各项开销成本。

即席查询工具拥有灵活的查询功能，是一种运算海量数据的利器，满足业务部门、管理部门在自定义范围的数据表内进行查询和运算，以直观、易懂的操作流程优化式界面展现给用户。

4. OLAP 分析

OLAP 分析工具是面向决策人员、管理人员的一种分析决策工具。按照分析人员的要求快速、灵活地进行大数据量的多维数据查询处理，以一种直观而易懂的形式将查询结果提供给决策人员，以便随时准确掌握规划实施、建设状况。通过拖拽立方体、维度和事实至表格的方式构建分析，极大地简化了用户的操作，提高了用户的使用效率，满足决策支持或多维环境特定的查询和报表，以直观、易懂的操作流程界面展现给用户。

4.4.5.5　复杂时空大数据搜索服务构建技术

服务管理平台是在时空大数据体系的基础上，提供强大的地图搜索及服务搜索能力。因此，基于时空大数据体系建设，对其数据标准、架构及组织模型进行解析，结合面向互联网的搜索引擎技术，打造面向时空大数据的搜索引擎。时空大数据搜索引擎的建设主要包含时空大数据索引构建和搜索排序体系建设 2 个部分，如图 4.14 所示。

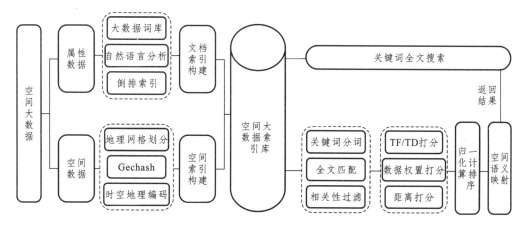

图 4.14　时空大数据搜索引擎技术路线

利用时空大数据索引技术，对数据中每个要素进行索引构建和索引存储，主要实现属性数据索引和空间数据索引 2 个部分：

（1）属性数据索引采用全文索引结构，通过对属性信息进行分词，采用倒排索引结构进行存储，同时构建空间语义识别库，实现基于词向量的语义匹配向空间匹配的转换，提供地名地址搜索，还可以实现空间专题图数据的检索服务，相比传统的 GIS，具有查询效率高、方式多样、结果精准、支持模糊查询等特点。

（2）空间数据索引采用空间网格索引结构，对地理空间进行网格剖分，按照不同的网格精度，结合空间编码对空间几何进行索引构建，其索引结构包括了几何特征和空间拓扑特征，可以在不进行复杂空间拓扑运算的基础上实现空间要素的拓扑查询，能够实现快速的周边搜索，支持大范围的空间查询、跨图层查询等。将全文索引和空间索引进行融合，基于不同的应用场景提供高效的空间查询、属性全文搜索等多种查询方式。

利用分布式存储结构和索引构建机制，能够快速在海量数据中进行数据搜索与提取，实现精确化搜索。通过建立搜索排序体系，对实现搜索结果进行有序化的展示。搜索引擎中采用数据打分的方式实现排序体系的构建，面对不同的场景可分为匹配度打分、权重打分和距离打分：

（1）匹配度打分是根据关键词与全文搜索结果的相关性进行打分，与关键词越相近则分值越高。

（2）权重打分主要是对数据本身的重要程度进行打分。

（3）距离打分主要是按照与目标点的距离进行打分排序。

将各种打分机制进行归一化处理后形成综合打分，按照分值大小进行排序形成结果列表。

4.4.5.6　时空大数据可视化渲染技术

时空大数据可视化渲染引擎是基于 OpenGL 进行底层开发的客户端渲染引擎，能够快速对前端的矢量数据进行渲染，绘制的文字不发虚、图形无锯齿、数据不丢失、演示不失真，保证地图的高清晰度展示。相比传统 WebGIS，支持更多的预加载图层，实现多图层、大范围、高效率的动态渲染。平台集成了 OpenGL 优秀的三维绘制和展示能力，可以在电子地图的基础上快速实现建筑物的 3D 展示。在前端对不同的地图要素进行透明度、颜色、符号填充进行自定义设置，且不需要再次对地图进行发布，真正实现地图的个性化配置与展示。

时空大数据可视化渲染引擎是在 OpenGL 渲染库的基础上，采用跨平台技术，统一架构、统一开发、分别封装的方式。核心功能分为接口层、核心层和渲染层，架构如图4.15 所示。

1. 接口层

接口层主要负责封装 iOS、Android 和 PC 端的 SDK，实现的功能主要包括：

（1）根据平台的不同特性为底层引擎提供不同的环境，如网络请求、绘制窗口和交互事件等。

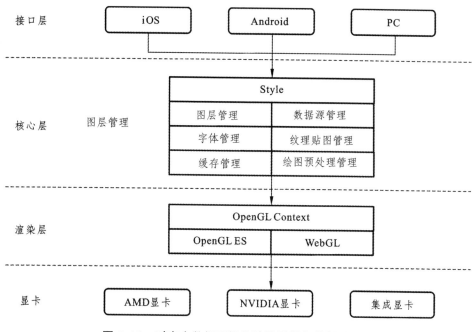

图 4.15　时空大数据可视化渲染引擎架构技术路线

（2）将底层 C++代码进行不同平台的封装，提供对应开发环境的接口。通过跨平台编译移植生成对应平台的原生 SDK，如 iOS 平台的 OC 语言 SDK、Android 平台的 JAVA 语言 SDK 等。

2. 核心层

核心层主要由图层管理、数据源管理、字体管理、纹理贴图管理、缓存管理、绘图预处理管理等模块组成，具体内容主要包括：

（1）图层管理。

图层管理主要负责对添加进引擎的图层进行统一管理，包括图层添加、移除。

（2）数据源管理。

数据源管理主要负责对每个图层对应的数据源进行统一管理，包括数据源添加、移除、切片数据下载与解析。

（3）字体管理。

字体管理主要负责对所使用的字体库进行管理，包括字体下载、字体加载、字体移除、字体修改等管理功能。

（4）纹理贴图管理。

纹理贴图管理主要负责对纹理贴图进行管理，包括纹理贴图下载、纹理贴图创建、纹理添加、纹理移除。

（5）缓存管理。

缓存管理主要对矢量切片数据、样式文件、字体、纹理贴图等通过网络请求获得的数据做内存缓存与磁盘缓存。

（6）绘制预处理管理。

绘制预处理管理主要负责绘制前的准备工作，包括图层过滤、显示瓦片的计算、坐标变换、绘制数据生成等工作。

3. 渲染层

渲染层是对 OpenGL 的一个封装，功能单一，只负责绘制工作，将绘图预处理阶段生成的绘制数据通过显卡绘制并显示出来。

时空大数据可视化渲染引擎终端设备具有多样化特征，主流 iOS、Android、PC 等硬件环境、开发环境、开发语言不尽相同。时空大数据可视化引擎渲染的数据量庞大，对时空大数据渲染引擎提出了体量小、量级轻、渲染效率高、多交互、二维和三维一体化、跨平台等诸多要求。

4.4.5.7 时空地图服务在线配图技术

时空地图服务发布往往需要进行地图展示样式配置工作。传统地图样式配置是在桌面端进行的，在配置好样式之后再进行在线服务发布，如果地图样式不符合用户需求，则需要重新配置之后再次进行服务发布，极大地降低了服务发布的效率。因此，项目基于嵌入式 OpenGL 着色语言进行底层开发，研发客户端渲染引擎，实现地图服务在线配图，满足一套服务，支持根据用户需求配置多种地图样式的需求。在线配图技术路线如图 4.16 所示。

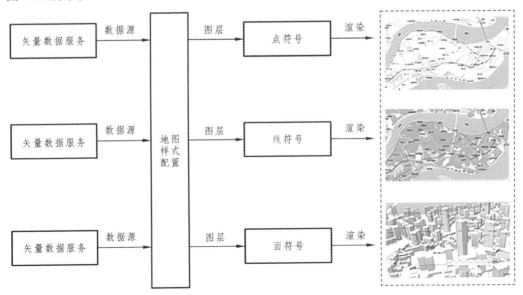

图 4.16 在线配图技术路线

时空地图服务在线配图技术能够快速对前端的矢量数据进行渲染，绘制的文字不发虚，图形无锯齿，数据无丢失，演示不失真，保证地图的高清晰度展示。相对传统的 WebGIS，时空地图服务在线配图技术可以支持更多的预加载图层，实现多图层、大范围、高效率的动态渲染。时空地图服务在线配图技术实现的动态渲染效果如图 4.17 所示。

图 4.17　动态渲染效果

时空地图服务在线配图技术同时也集成了 OpenGL 优秀的三维绘制和展示能力，可以在电子地图的基础上快速实现建筑物的 3D 展示，实现的三维建筑物渲染效果如图 4.18 所示。

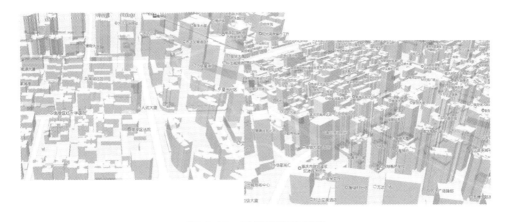

图 4.18　三维建筑物渲染

4.4.5.8　智能巡检技术

信息化技术的发展为人类活动带来巨大的便捷，如移动支付、滴滴打车、行政审批等各个方面和领域。同时也带来很大的隐患，信息服务的不稳定或中断将会导致线下服务需求的突增，容易引发各种社会事件的发生，如移动支付的中断会导致银行柜台业务暴增、人群拥挤等。因此，保证信息化服务的稳定运行是信息化平台建设的前提。

　　传统的信息化服务运维体系往往采用人工定期检查的方式，对平台服务器、平台软件服务等进行定时检查，通过冗余硬件资源的方式确保服务的长期稳定运行。这种方式无论在人力、物力方面都有极大的浪费，同时，对于信息化服务中断的发现与修复也有较大的延迟。针对这些问题，项目将采用计算机软硬件技术，通过对平台从软件到硬件、从数据到功能形成一套有效的服务探测机制，结合移动互联网技术，实现平台异常服务信息的及时发现与反馈，从而减少对运维人员定期检查或平台服务逐一检查的需求。同时，采用平台预警阈值配置策略，实现对服务隐患的及时消除，全面确保平台的稳定运行。数控大数据云平台的智能巡检流程如图 4.19 所示。

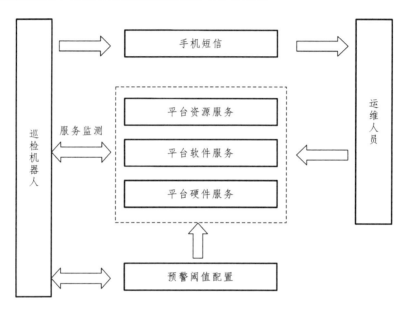

图 4.19　智能巡检流程

第 5 章
时空大数据与云平台建设方案

5.1　标准规范体系设计

时空大数据平台是市规划和自然资源局业务系统建设及对外服务的基础性平台，是智慧建设的基础性工程。为了确保平台的长效运营，应当在标准规范、政策法规、管理机制等方面建立相应的标准规范与制度，确保智慧时空大数据平台的高效可持续运行，全面提升自然资源部门的信息化服务能力，推动智慧全面建设。

标准规范的设计是在参考国家标准、部门标准、行业标准、地方标准以及国际标准的基础上，编制一套适应平台建设的标准规范体系，包括生产、更新等技术规范、政策保障机制及运行维护机制。

编制时空大数据平台的数据标准主要包括：

（1）数据格式、数据成果标准、数据生产、更新技术的规范和机制，促进数据信息共享和交换。

（2）与有关部门共同商讨制定各政务共享交换专题数据标准以及专题数据的采集、更新、管理与汇交的长效机制。

（3）数据的运行、管理、更新和维护机制。

（4）平台推广应用和信息共享措施等。

政策制度的研究制定包括统一测绘坐标基准政策，主要包括：

（1）确立其权威性、唯一性。

（2）关于数据和平台权威性、唯一性的认定与确立。

（3）平台推广应用的服务支持、技术培训和反馈制度。

（4）确立政府持续投入机制。

（5）专题信息分建共享及更新制度等。

通过标准规范的设计，将促进时空大数据有效共享和服务支撑，为项目建设提供基础，技术标准规范体系建设内容包含但不限于表 5.1 所示内容。

表 5.1　技术标准规范体系建设内容

分类	标准规范名称	制定说明
数据标准规范	目录与元数据服务标准规范	扩展制定
	地名地址数据规范	参照引用
	电子地图数据规范（政务和公众）	参照引用
	时空影像数据规范	参照引用
	时空三维数据规范	参照引用
	时空专题数据规范	扩展制定
数据生产规程	电子地图数据生产规程	参照引用
	数据维护与更新规程	扩展制定
	电子地图配图规范	扩展制定

续表

分类	标准规范名称	制定说明
接口服务规范	目录数据服务接口规范	参照引用
	地理信息服务分类与接口规范	参照引用
	时空大数据平台 API 接口规范	新制定
运行管理规范	时空大数据平台服务术语	新制定
	时空大数据平台运行管理规定	新制定
	时空大数据平台数据保密协议	新制定

5.2　数据中台

5.2.1　时空数据分类及来源

根据实际情况，从数据分类管理层面将时空大数据按内容划分为基础地理、自然资源、空间规划、经济社会、城市运行、三维数据 6 大类，涵盖了城市规划、建设、管理、运营、三维时空模型等方面。

1. 基础地理数据

基础地理数据包括市各种比例尺基础的地形图、数字高程模型、电子底图、各种分辨率的航空航天正射影像、地名地址、地下管线等数据。

基础地理数据主要依托数字地理空间框架建设的成果形成底板数据，后期通过基础测绘、倾斜摄影以及地理国情普查等方式进行更新维护。

2. 自然资源数据

自然资源数据主要涵盖地表自然、地表空间、资源环境、城乡建设现状、土地利用等方面数据，具体包括行政区划、管制区、建设用地、城市建筑、交通设施、市政设施、水利设施、公共设施、水资源、矿产资源、森林资源、风景名胜区、世界遗产、文物古迹、地貌、地质灾害、污染源、保护区公园、农用地、建设用地、未利用地、不动产等数据。

自然资源数据以市规划和自然资源局现有信息化成果为依托，涉及民政、交通、城管等部门协同共享，主要通过市级共享交换平台获取。后期通过地理国情普查、国土调查及相关业务系统对接等进行更新维护。

3. 空间规划数据

空间规划数据主要涵盖三区三线及国土空间规划等方面的数据，具体包括三类空间、生态保护红线、永久基本农田、城镇开发边界、主体功能区划、国土空间规划、详细规划、村镇规划、文化遗产保护规划、地下空间利用规划、综合防灾规划、产业发展与布局规划、综合交通规划、专项规划等。

空间规划数据以市规划和自然资源局为主，涉及林业局、环保局等部门，主要通过市级共享交换平台获取。后期通过与共享平台及市规划和自然资源局业务系统对接，实现数据的更新。

4. 经济社会数据

经济社会数据主要涵盖国民经济、人口、社会事业数据等方面，具体包括 GDP、固定资产投资、财政收支、工业、建筑业、房地产业、社会消费品零售、进出口、户籍人口、常住人口、自然变动、年龄结构及抚养比、教育、科技、文化、卫生、体育、社会保障、社会舆论、公众事件等。

经济社会数据主要涉及城管局、公安局、统计局等部门。后期在市级共享交换平台的基础上，结合互联网采集手段获取数据。

5. 城市运行数据

城市运行数据包括交通路况数据、大气环境数据、法人数据等，具体包括城市路况、高速路况、交通指数、公交运行、环境质量、污染源、垃圾处理、重大项目、一般性项目、机关法人、企业法人、事业法人、个体工商户、社会团体、民办非企事业单位法人等数据。

城市运行数据主要涉及市场监管局、公安局、交通运输局、城管局等部门，在市级共享交换平台的基础上，结合物联网采集手段获取数据。

6. 三维数据

三维数据包含三维地形、城市三维建筑、空间关联等数据。城市三维通过倾斜摄影与激光点云技术融合进行数据采集，单体化处理及模型建立，形成倾斜摄影数据、空间展示数据以及空间关联数据库。

三维数据主要通过基础测绘、倾斜摄影，结合业务部门数据共享等方式获取。

5.2.2　时空信息数据库总体架构

时空数据管理是时空数据库建设的核心，分为基础地理、自然资源、空间规划、经济社会、城市运行、三维数据 6 大类。然而，时空数据生产是时空数据库建库的基础，时空数据应用是时空数据建库的目标。

因此，数据库的总体架构需要从物理存储、数据管理、数据应用等角度考虑，按照数据生产、成果管理、数据应用 3 个阶段划分，形成生产库、成果库和应用库。其中生产库以方便数据处理为目标，按照数据类型分为结构化数据和非结构化数据。成果库按照数据管理为目标，分为基础地理、自然资源、空间规划、经济社会、城市运行、三维模型 6 大类。应用库按照服务市政府决策、部门管理及公众应用的角度分为基础地理数据库、主题数据库和业务协同数据库。时空信息数据库总体架构如图 5.1 所示。

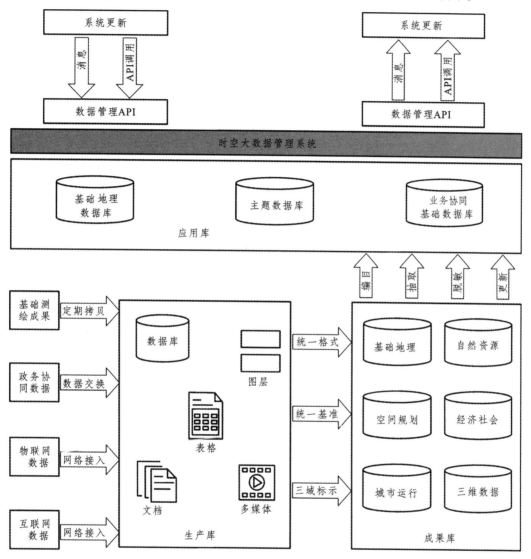

图 5.1 时空信息数据库总体架构

生产库主要对通过不同手段或方式获取的数据进行汇聚，形成时空信息数据的原始库，汇聚的形式有定期拷贝（如基础测绘成果）、数据交换（如政务协同数据）、网络接入（如物联网数据、互联网数据）等，汇聚后的原始数据包括数据库、GIS 图层、文档、表格、多媒体等。

成果库主要是对原始数据进行时空化处理，包括统一格式、统一基准，逐图层、逐对象添加三域标识（时间、空间、属性），形成标准化后的数据。添加"三域标识"的数据内容包括矢量数据、影像、高程模型、地理实体、地名地址、三维模型、新型测绘产品和流式数据等。

应用库主要是对处理区的数据进行编目、抽取、转换与更新，形成时空大数据应用库，具体内容包括基础地理数据库、主题数据库和业务协同数据库 3 大数据库。

5.2.3　时空数据组织模型

1. 以地理空间信息为依托，构建"时间、空间、属性"三位一体的时空数据组织

现实生活中 80% 的信息资源与空间位置有关。城市运行中涉及的人口、法人、经济、建构筑物等，归根结底都可以落在一个确定的空间位置上。因此，项目以地理空间信息为依托，基于图 5.2 所示的"一张图"理念，对包括人口、法人、经济、建筑物在内的各类城市运行数据进行整合，通过这种方式能够将城市的基础空间信息、人口、法人和宏观经济数据及政府各部门的专业数据展现在地理空间上，实现城市运行基础数据的有效整合与集成，统一为智慧城市应用提供可视化的决策分析和数据共享服务。

一张图区域管理和数据整合模式主要包括：

（1）区域的各种要素（部件）、事件落实到不同的地图图层上。

（2）不同的地图图层根据需要任意组合叠加显示，了解相互之间的关系和规律。

（3）以时间和空间的框架实现政府部门信息资源的整合。

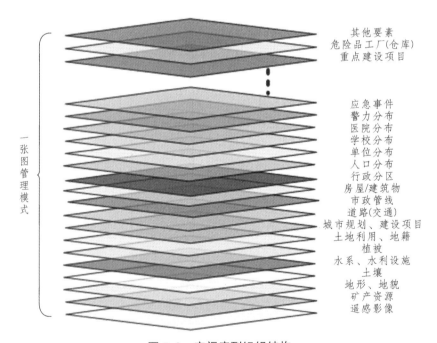

图 5.2　空间序列组织结构

以上所说的各类行业数据可以认为是实体数据属性维度上的表现，同时，实体数据也包括现实世界的 3 个空间维度，即地上、地表和地下的内容。在时间维度上，包括了实体数据的历史、现状及规划 3 个状态。这样就可以构建"时间、空间、属性"三维一体的地理实体数据库，如图 5.3 所示。

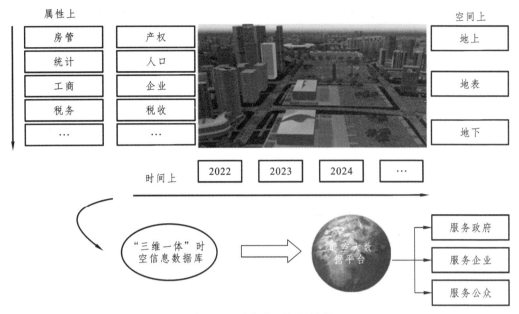

图 5.3　时空序列组织结构

2. 时空数据关联组织模式

平台数据将按照时空数据模型进行组织，空间方面按照全市/州、乡镇、街道、社区村、网格实现专题数据的分类与统一，如图 5.4 所示。为每条数据赋予时间属性，在元数据中描述每项数据的空间与时间值。在不改变数据物理存储模式条件下，通过元数据实现对专题数据的时空编排与统计分析，满足平台对城市历史信息的回顾、现状信息的掌握和对趋势信息的预知。

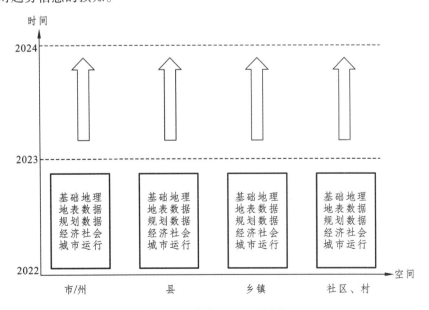

图 5.4　时空数据关联模式

时空数据组织主要是行业专题数据、决策支持数据与空间数据的关联，以及空间数据、行业专题数据、决策支持数据的时序组织。具体关联方式主要包括：

（1）空间关联。

行业分类与空间数据的关联及应用都是以区划地名地址为核心进行的，每条区划、地名和地址数据都会有与之对应的空间几何对象（如点、线或面）以及区划编码、地名编码和地址编码，主要通过空间查询及属性查询的方式实现区划地名地址与其他数据之间的关联查询。

对于行业专题数据来说，具有空间位置属性的个案数据（如房屋、道路、桥梁等）可以通过地理国情普查结合部门业务专题数据确定空间位置信息，对不具备空间坐标属性的文本型数据，则可通过数据内容所属的行政区划进行空间关联。因此，在部门上传数据时需要根据数据内容填写数据描述信息，即在元数据描述中添加行政区划名，用于按照区划进行数据编排，如图 5.5 所示。

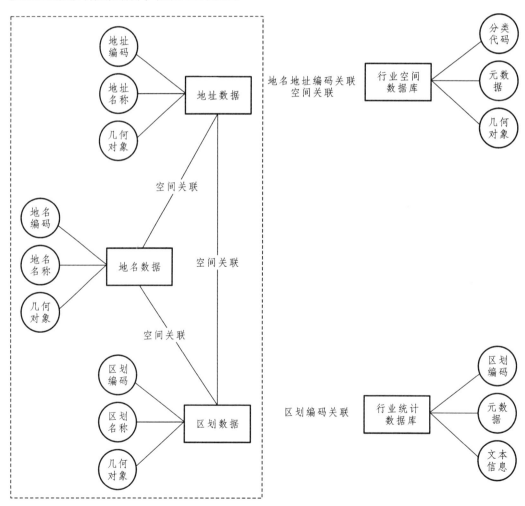

图 5.5 行业分类与空间数据的关联

（2）时序关联。

对已有的空间数据成果，通过重组、整合、序列化的方式形成时空信息数据，主要工作是进行时空序列化，项目采用空间数据中加入时间属性的方式，可以用一个时间点来描述空间数据的状态，也可以用两个时间点来描述一个时间段内的变化。时空信息数据格式如表 5.2 所示。

表 5.2　时空信息数据格式

ID	Field1	Field2	Fieldn	Time	Time1
数据编号	字段	字段	字段	时间	时间 1

基于上述方式，仍然有两种不同的情况：

① 属性值随时间序列变化。即在相同的空间要素和不同的时间序列下，属性值不一样。时间序列属性值如表 5.3 所示。

② 空间位置随时间变化。不同的空间要素随时间的变化情况。时间序列空间位置数据如表 5.4 所示。

表 5.3　时间序列属性值

OBJECTID*	Shape*	Mame	State _lame	POP	DATE_ST	DATE_EHD	Shape_Length	Shape_Area
2698	Polygon	Abbeville	South Carolina	33400	01/01/1900	01/01/1910	162402.504779	1339524251.7354
5944	Polygon	Abbeville	South Carolina	34804	01/01/1910	01/01/1920	162402.504779	1339524251.7354
8975	Polygon	Abbeville	South Carolina	27139	01/01/1920	01/01/1930	162402.504779	1339524251.7354
12185	Polygon	Abbeville	South Carolina	23323	01/01/1930	01/01/1940	162402.504779	1339524251.7354
15135	Polygon	Abbcville	South Carolina	22931	01/01/1940	01/01/1950	162402.504779	1339524251.7354
18243	Polygon	Abbeville	South Carolina	22456	01/01/1950	01/01/1960	162402.504779	1339524251.7354
21371	Polygon	Abbevile	South Carolina	21417	01/01/1960	01/01/1970	162402.504779	1339524251.7354
24464	Polygon	Abbeville	South Carolina	21112	01/01/1970	01/01/1980	182402.504779	1339524251.7354

表 5.4　时间序列空间位置数据

OBJECTID*	Shape*	AREA	PERIMETER	FIRE	Date_	Shape_Length	Shape_Area
328	Polygon	217872	2294.65	Fan	06/30/1988	2294.649455	217872.243312
3	Polygon	4604720	10191.8	Storm Creek	07/02/1988	10191.773276	4604722.684947
5	Polygon	4491390	10550.9	Mist	07/02/1988	10550.858045	4491388.674216
279	Polygon	7460250	12985.3	Fan	07702/1988	12985.272888	7460252.205611
2	Polygon	1565920	13076.4	Storm Creek	07/03/1988	13076.352703	1565919.089657
1	Polygon	2189700	17740	Red	07/05/1988	17739.963328	2189696.846135
6	Polygon	782002	4207.37	Storm Creek	07/06/1988	4207.373773	782002.481009
262	Polygon	10847522	4682.46	Fan	07/05/988	4682.455312	847521.689984

此外，各类数据的关联关系是通过元数据进行处理的。在每类数据的元数据描述中定义了数据时间，各类数据的时序组织通过元数据中的时间描述进行编排。

数据类别包括地理信息数据、行业专题统计数据和决策支持数据，根据数据类别可以将时间划分为更新时间和数据内容时间两类。其中地理信息数据对时间精度要求不高，基本以数据更新时间为准进行编排；行业专题统计数据和决策支持数据，对时间精度要求较高，数据结果生成时间往往滞后数据实际时间，大多数情况需要按照数据内容时间进行编排。各类数据关联关系如图 5.6 所示。

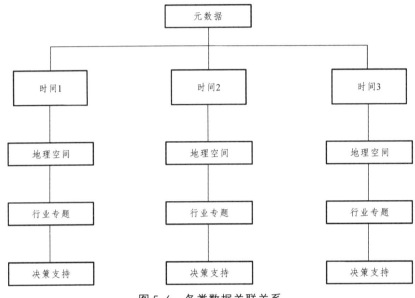

图 5.6   各类数据关联关系

5.2.4   时空信息数据库建库内容

时空信息数据库建库内容总体包括时空基础数据库和时空专题数据建设两部分，其中时空基础数据库建设包括大比例尺矢量数据更新及时空化处理建库、高分辨率影像数据更新及时空化处理建库、精细地名地址数据更新及时空化处理建库、倾斜摄影测量及时空化处理建库，时空信息专题数据库建设包括物联网节点数据建库及时空化处理、精细化三维模型整合建库及时空化处理、建筑物数据整合建库及时空化处理、行政区划数据整理建库、管线专题数据整理建库以及地理国情普查数据整理建库等。时空信息数据库建库内容如表 5.5 所示。

表 5.5   时空信息数据库建库内容列表

序号	类别	内容	覆盖范围	要求	备注
1	1 ：5000 及 1 ：10 000 矢量数据更新及时空化处理建库	矢量数据更新建库	全市 1.08 万平方公里	市规划区数据更新入库，更新范围按当年基础测绘的年度计划，须符合国家电子地图标准	数据的采集由年度基础测绘提供
		矢量数据时空化处理	全市 1.08 万平方公里	针对历年所有大比例尺矢量数据，分区域标识数据的时间属性，构建时空矢量数据库	

续表

序号	类别	内容	覆盖范围	要求	备注
2	0.2 m 的分辨率影像数据采集及时空化处理建库	影像数据更新建库	主城区 1 000 平方公里	利用倾斜摄影测量生产的影像数据	
		影像数据时空化处理	主城区 1 000 平方公里	针对历年影像数据,分库标示数据的时间属性,构建时空影像数据库	
3	0.5 m 的分辨率影像数据更新及时处理建库	影像数据更新建库	全市 1.08 万平方公里	利用倾斜摄影测量生产的影像数据	
		影像数据时空化处理	全市 1.08 万平方公里	针对历年影像数据,分库标示数据的时间属性,构建时空影像数据库	
4	精细地名地址数据更新及时空化处理建库	地名地址数据更新建库	全市	基于已有地名地址数据,结合房屋数据、兴趣点数据,构建完整性、现势性强的精细地名地址数据库,包括精细到社区的行政区划数据库、地名数据库、地址数据库	行政区划数据放在时空专题数据库中建设
4	精细地名地址数据更新及时空化处理建库	地名地址时空化处理	全市	针对地名地址数据,逐条添加时间属性,统一对象编码,构建时空地名地址数据库	
5	倾斜摄影测量及时空化处理建库	倾斜摄影测量数据建库	核心区域 2 cm 分辨率,非核心区 5 cm 分辨率。包括 10 平方公里老旧数据整合	采用倾斜摄影测量手段,获取三维模型数据、DOM、DEM 数据	
		倾斜摄影测量成果数据时空化处理	主城区 86 平方公里	针对三维模型、DOM、DEM 进行时空化处理,分库添加时间属性	包括本年度新采集 76 平方公里及与 10 平方公里老旧数据整合
6	物联网节点数据建库及时空化处理	视频监控数据整合建库	主城区 86 平方公里	整合公安天网的摄像头位置及图像资源,覆盖城区重点区域	
		物联网节点数据的时空化处理	主城区 86 平方公里	主要针对上述两类感知设备的空间属性,如地址、编码、分类信息进行时空化处理,按对象添加时间属性	

续表

序号	类别	内容	覆盖范围	要求	备注
7	超立体三维模型整合建库及时空化处理	超立体三维数据整合建库	重点建筑及港口码头等计 24 平方公里	采用倾斜摄影、激光点云融合技术手段,获取超立体三维数据	
		模型数据时空化处理	重点建筑及港口码头等计 20 平方公里	针对模型进行统一编码,建立与二维建筑物的关联关系,按对象添加时间属性,构建超立体三维模型时空数据库	
8	建筑物数据整合建库及时空化处理	地上建筑物数据整合建库	规划区 1 442 平方公里	整合人口、经济、法人、房产的地上建筑物数据	
		地上建筑物数据时空化处理	规划区 1 442 平方公里	针对地上建筑物数据进行统一编码、添加时间属性,构建时空建筑物数据	
9	行政区划数据整理建库及时空化处理	行政区划数据整理建库及时空化处理	全市 1.08 万平方公里	根据民政局的行政区划,构建行政区划空间和属性数据,对各区划添加时间属性	
10	管线专题数据整理建库	管线专题数据整理建库	全市 1.08 万平方公里	整合市规划和自然资源局的管线专题数据,按标准整理入库,根据实际应用添加时间属性	
11	地理国情普查数据整理建库	地理国情普查数据建库	全市 1.08 万平方公里	整合市国情普查成果,按标准整理入库,根据实际应用增加时间属性	

5.2.5 时空信息数据采集与更新技术体系设计

时空信息数据库的生产与更新分为数据采集、数据处理以及数据入库更新 3 个阶段。其中,数据采集是数据来源的基础,数据处理是数据来源的保障,数据入库更新是数据的最终目的。

数据采集的技术手段包括数字化测图技术、遥感技术、测量新技术,以及各类数据共享技术。数字化测图技术经过几十年的发展,目前主要是利用全站仪和 RTK 进行地形图测量,已广泛应用在现有的基础测绘上,成为基础数据采集的主要手段。

遥感技术主要是利用航天和航空遥感,快速获取地表影像,其成果能很好地展示地表实际情况,已广泛应用于城市规划和国土资源管理等领域。数字化测图和遥感技术成熟、成果数据精度高，已成为数据采集的主力军，但这两种手段更新频率不高，基本为每年一次，随着城镇化进程的加快，仅依靠这两种手段采集数据已不能满足政府管理对数据时效性的需求。

近年来，出现了一些新的技术来快速获取数据，如无人机航拍技术，能快速获取目标区域高分辨率影像，可以做到每月一次，为城市重点建设区域的管理和应急管理提供数据支撑；近年来发展迅速的倾斜摄影测量技术，能快速获取城市三维模型，相对于传统建模技术，不仅效率快、成本低，而且精度和真实性都高，已越来越多地应用在城市三维数据获取方面；除此之外，近年来发展的物联网技术，能实时获取物体的感知信息，使数据由静态到动态发展。这些新技术手段，要充分考虑并应用在时空信息数据采集上，作为数字测图和遥感技术手段的补充。

在时空信息获取方面，除了通过野外采集外，还应发挥各部门的力量，利用各种技术手段获取部门专题数据，如文件共享、数据库共享、Web 服务共享。总之，需要结合数字化测图技术、遥感技术、各类新技术、数据共享技术等，多渠道、多方面采集数据资源，为智慧时空信息提供来源。

数据采集后，需要进行数据处理，包括数据成图、影像融合、模型生成、坐标转换、统一编码、时间添加、质量检查等，最终对数据进行入库更新，形成智慧时空信息数据库。如图 5.7 所示。

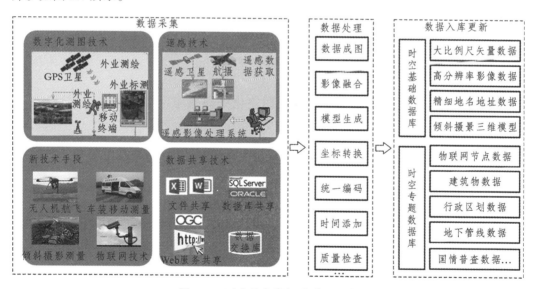

图 5.7　时空信息数据库建设流程

项目以数字地理空间框架建设数据成果为依托，与市规划和自然资源局现有其他信息化数据成果整合作为数据的主要来源，根据市实际情况，从以下几个方面开展数据获取工作：

（1）各部门数据汇聚。

各部门数据汇聚是指支持在线上传 SHP、EXCEL、GDB 等具有空间位置信息的文件，上传成功后自动识别空间数据文件的坐标系、空间范围、发布者信息等，自动完成数据文件的空间化与入库，便于各部门用户将不同类型的数据资源共享到系统中，通过数据中心对汇聚的数据资源进行存储和管理。

① GDB 格式文件汇聚。

GDB 格式文件汇聚支持将包含一个数据集的 GDB 格式文件压缩为 ZIP 格式，通过选择行政区划、专题类型等元数据信息，在填写资源名称后上传压缩后的 ZIP 文件。上传成功后，支持跳转到数据发布环节，进入下一环节流程。

② SHP 格式文件汇聚。

SHP 格式文件汇聚支持将一个 SHP 格式文件压缩成 ZIP 格式，通过选择行政区划、专题类型，在填写资源名称后上传压缩后的 ZIP 文件。上传成功后，支持跳转到数据发布环节，进入下一环节流程。

③ Excel 格式文件汇聚。

Excel 格式文件汇聚支持将.xls 和.xlsx 格式的数据，通过选择行政区划、专题类型，填写资源名称后上传 Excel 文件。上传成功后，支持跳转到数据发布环节，进入下一环节流程。

（2）与市数据共享交换平台进行数据同步。

了解市规划和自然资源局现有数据结构，根据数据共享交换平台的规范及资源目录进行数据同步，对信息资源目录体系、法人库、人口库等类型数据进行统一处理后再将数据统一存储到时空信息数据库中。

5.2.6　时空信息数据采集建库流程与方案

5.2.6.1　大比例尺矢量数据更新及时空化处理建库

1. 建库范围与内容

依托基础测绘的最新成果，对矢量数据进行处理入库，主要包括：

（1）大比例尺矢量数据更新入库，GIS 格式。

（2）大比例尺矢量数据处理入库，CAD 格式。

（3）以现有大比例尺矢量数据的数学基础为依据，整合其他中小比例尺矢量数据，将历史的矢量数据进行规范化处理，统一空间基准、统一添加时间属性，构建时空矢量数据库。

2. 建库流程

时空矢量数据建库，主要经过基础测绘成果 CAD/GIS、数据处理、质量检查、数字线化地图（DLG）、数据提取、时空化处理、时空矢量数据、电子地图制作等步骤。矢量数据更新建库流程如图 5.8 所示，主要包括：

（1）数据处理。

数据处理是指针对基础测绘的成果，根据不同格式、按照数据分层及属性要求进行相应的处理。

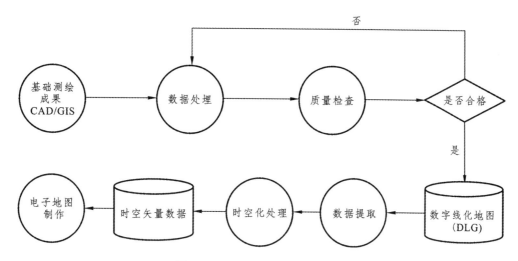

图 5.8　矢量数据更新建库流程

（2）质量检查。

质量检查是指按照质量标准，对上述 GIS 数据进行质量检查，对不符合要求的数据进行返工处理，直至符合要求为止。

（3）数字线化地图（DLG）。

数字线化地图（DLG）是指对于检查合格的数据，进行入库处理。数据入库要依托 GIS 桌面软件及空间数据库引擎，将空间数据存储于数据库管理系统。此时生成的数据是全要素的地形图数据，即数字线化地图（DLG）。

（4）数据提取。

数据提取是指根据国家对框架数据的要求，基于 DLG 数据去除等高线、高程点、管线等涉密数据，形成可在政务网运行的框架数据。

（5）时空化处理。

矢量框架数据的应用有两种，一种作为底图浏览，以地图切片的方式存在；另一种是加工形成各类地理专题数据，如房屋专题、水系专题等。针对电子地图应用，时空化处理只需对数据根据更新年代进行分块，每块分别标示时间属性，每一块数据单独存储，结合数据采集更新年代形成一个独立的数据库。如果某一块数据有两次以上更新，便可形成历史数据；针对专题数据应用，时空化处理需要对数据按对象标示时间属性，具体时空处理与组织方式在数据库设计时体现。

（6）时空矢量数据。

时空矢量数据是指将测绘得到的数据进行时空化处理之后，变成具有时间和空间维度的数据。时空矢量数据打破了传统静态数据的限制，能有效地展现空间数据在时间上的变化。数控矢量数据的形式多样，但都具有三个共同点：

①id：每一条数据都存在一个用于代表具体实物的 id。

②时间：当前数据的时间。

③位置：当前数据的空间位置。

（7）电子地图制作。

基于时空化处理后的矢量数据，制作满足需求的矢量电子地图，具体流程主要包括：地图是数据资源对外显示的载体，数据更新后需要对数据进行地图配图，主要按照《地理信息公共服务平台　电子地图数据规范》（CH/Z 9011—2011）等标准规范，基于现有的电子地图以及数据显示效果，对其进行分级控制和配赋符号，主要表达境界、道路、铁路、水系、居民地、植被及注记等要素。电子地图制作与切片流程如图 5.9 所示，主要包含如下内容：

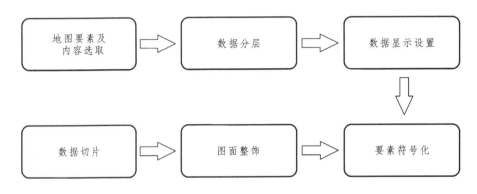

图 5.9　电子地图制作与切片流程

① 地图要素及内容选取。

为了应对电子地图数据网络化服务所针对的不同用户群体，需要按照相关标准规范及保密要求对地图要素进行选择，明确地图显示哪些要素类别；同时，不同比例尺显示的地图要素内容也不同，应按照标准规范要求明确每一级比例尺显示的要素内容。

② 数据分层。

结合实际需要，在数据分类的基础上进行细化，以满足平台应用的需要。

③ 数据显示设置。

通过设置显示比例尺，使地图浏览与应用获得较好的应用效果。

④ 要素符号化。

按照地图符号要求，对各类地图要素进行符号化处理。同时，需要对背景地图进行配色，使地图美观实用。

⑤ 图面整饰。

对图面的整体进行检查，使图面看起来更美观，符号表达更合理，如是否存在兴趣点符号压盖道路等问题并进行相应处理。

⑥ 数据切片。

将地图数据发布为不同比例尺的地图瓦片，以满足平台应用的需要。

3. 数据更新设计

基础矢量数据更新主要是通过每年的基础测绘，更新手段是传统地形图测绘和航测法成图相结合的方式。项目除了沿用这种机制和手段，还将考虑利用新型基础测绘技术和机制，技术上采用航空摄影测量手段弥补现有测量手段的局限性，机制上将基础测绘上升为地理信息测绘，在数据采集生产层面即获取更多的信息，以期获取现势性强、信息丰富的基础矢量数据。

另外，还需要为数据添加时间、空间、属性三域标识，其中时间标识主要包括数据采集时间、数据变化时间。数据变化时间是采集对象的空间范围、属性等发生变化的时间，比如建筑物的建成时间、拆除时间等。

5.2.6.2　高分辨率影像数据更新及时空化处理建库

1. 建库范围与内容

针对新生产的正射影像数据及现有主城区 1 000 平方公里的 0.2 米正射影像数据和收集的历史影像数据，分别标示时间属性，构建时空影像数据库。

2. 建库流程

影像数据入库更新主要利用 GIS 桌面软件，经过数据校正、投影转换、数据拼接、数据融合、数据调色等操作，经质量检查合格后方可入库。时空影像数据建库流程如图 5.10 所示，其中较为重要的步骤主要包括：

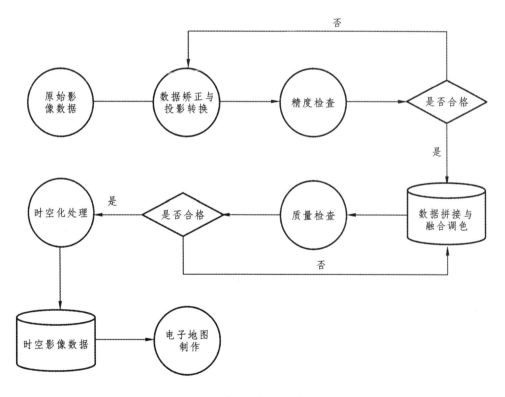

图 5.10　时空影像数据建库流程

（1）数据校正与投影转换。

数据校正是指根据控制点信息，对原始影像进行辐射校正和几何校正，赋予数据真实的空间坐标。

投影转换是指根据项目要求的空间参考，对影像进行投影转换。

（2）数据拼接与融合调色。

数据拼接是指对相邻影像进行无缝拼接处理，保持地物连续一致性的基础上，去除重叠区多余影像，从而形成整景影像。

数据融合是指通过高级影像处理技术来复合多源遥感影像，以达到全色和多光谱数据优势互补，增强空间细节，减少颜色失真，形成对地面目标较完整的信息描述。

数据调色是指对影像的色调进行调整，统一各景融合后的原始影像色调，还原地物真实色彩或根据不同应用对象的需求，达到预期的地物色彩。

（3）质量检查。

影像数据的质量检查贯穿于数据处理与建库的整个过程，首先需对获取的影像进行质量检查，如有无数据缺块、有无云遮盖等；其次，在数据校正后，因对校正后的影像进行精度评价（RMS 误差小于 1 个像元），只有在满足要求的情况下才能进行下一步工作，否则需重新校正；另外，在影像拼接后，也应对接边的数据进行检查，以确保数据质量。

（4）时空化处理。

时空化处理是指影像数据库采用快照模式进行时空化处理，分库标示时间属性。

（5）时空影像数据。

时空影像数据由于其所在空间的空间实体和空间现象在时间、空间和属性三个方面的固有特征，呈现出多维、语义、时空动态关联的复杂性，因此，需要对时空影像数据进行多维关联描述的形式化表达、关联关系动态建模与多尺度关联分析方法的分析和研究，以及对时空影像数据协同计算与重构提供快速、准确的面向任务的关联约束。

（6）电子地图制作。

电子地图制作是指基于时空化处理后的影像数据，制作满足需求的影像电子地图，步骤同矢量电子地图制作。

3. 数据更新设计

影像数据属于基础地理数据，参考矢量数据更新，一方面可以通过已有的基础测绘体系进行更新，另一方面，要充分利用新技术和新手段，如无人机航拍，倾斜摄影测量，通过这些手段快速获取高分辨影像，掌握城市变化信息，尤其是对城市重点建设区域可采用此办法，弥补基础测绘的不足。

另外，还需要为影像数据添加时间、空间、属性三域标识，其中时间标识主要指影像数据采集时间。

5.2.6.3　精细地名地址更新及时空化处理建库

1. 建库范围与内容

对新测得的地名地址数据和已有的全市地名地址数据，逐条添加时间属性，统一对象编码，构建时空地名地址数据库。依据建库标准对地名地址数据进行入库前的检查，检查合格方可入库；建库过程中应逐条标示地址的采集时间、地址启用时间、停用时间等，最终构建时空地名地址数据库。

2. 地名地址采集更新内容

地名地址采集更新的内容主要包括：

① 扩充自然村以上的行政地名，建立市（如地区、自治州、盟）级、县（如区、县级市）级、乡（如镇、街道）级和行政村（如社区）级四级区划单元。

② 丰富街、巷名以及制造企业、交通运输和邮政、信息传输和计算机服务、零售和批发、住宿和餐饮、金融和保险、房地产、商务服务、居民服务、教育科研、卫生社会保障和社会福利、文化体育娱乐、公共管理和社会组织等 13 类兴趣点名。

③ 补充新建的门（楼）址数据。

3. 建库流程

时空地名地址数据建库的具体流程如图 5.11 所示。

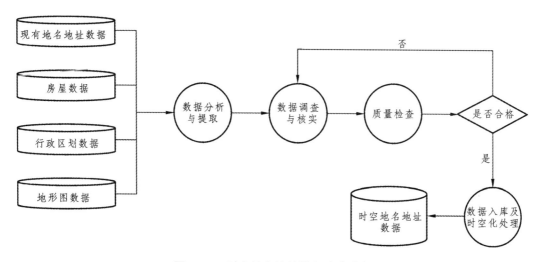

图 5.11　时空地名地址数据建库流程

其中，现有地名地址数据的更新建库包括对现有数据进行数据分析与提取、数据调查与核查、数据检查、数据入库及时空化处理等操作，其中较为重要的步骤主要包括：

（1）现有数据分析与提取。

现有数据分析与提取是指对现有地名地址数据的更新要充分利用各方数据资源，包括已有的地名地址数据、地形图数据的地名和居民点数据、行政区划数据以及新建的房屋数据，通过对各类数据进行内业预处理分析，提取出部分符合标准的地名地址数据，避免全部依靠外业采集来更新数据。

（2）数据调查与核实。

数据调查与核实是指分区打印图纸，进行外业核实与调查，针对图上已有的地址数据进行位置与属性核实；针对图上没有的地址数据，在图上标示位置并填写调查表，供内业建库使用。

（3）数据检查。

数据检查包括数据过程质量检查和数据成果检查。在数据采集过程中进行数据质量控制和检查，根据相关规定制定数据采集的内在约束性。数据成果检查主要是依据建库标准对数据进行入库前的检查，检查合格方可入库。

（4）数据入库及时空化处理。

数据入库及时空化处理是指对地名地址的时空化处理应逐条标示地址的采集时间、地址启用时间、停用时间等，最终构建时空地名地址数据库。

4. 数据更新设计

地名地址数据更新是通过外业普查来更新的，把地址数据的更新纳入了基础测绘体系，随基础测绘采集更新，这种方式在一定程度上降低了地址数据更新的成本，但更新的范围和时效性有限。在时空大数据平台建设过程中，地址数据的更新一方面要沿用已有的数据更新方式，另一方面还要考虑如何整合更多的资源来更新，如整合房屋数据时通过房屋来更新地址数据，以及民政局的地名管理和公安的地址发证等业务结合，实现地名地址数据随业务的更新。

5.2.6.4　倾斜摄影测量及时空化处理建库

1. 库范围与内容

利用无人机及多视角航摄技术并配以激光雷达，在取得合法飞行航拍资格后针对主城区 76 平方公里范围内按照中心区域 2 cm 精度、其他区域 5 cm 精度进行地物数据采集，包括图像、影像、雷达与地理信息等，整合已有的 10 平方公里三维数据，经专业平台加工后形成覆盖主城区 86 平方公里带有数据标记的三维模型。

2. 建库流程

倾斜摄影测量与建库的流程如图 5.12 所示，主要包括：

（1）倾斜航空摄影。

倾斜航空摄影是指利用无人机对试点区域进行航飞拍摄，需搭载倾斜相机。

（2）空三数据处理。

空三数据处理是指利用软件对街景、工厂等的航片进行空三处理，包括生成连接点、空三优化、数据检查、成果输出等步骤，最终生成 DEM 数据和 DOM 数据。

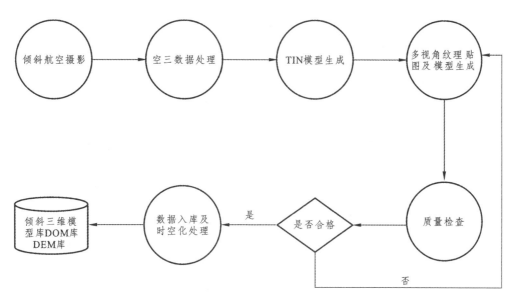

图 5.12　倾斜摄影建库流程

（3）TIN 模型生成。

TIN 模型生成是指针对空间处理的成果，经过建立影像金字塔、创建相对文件、提取点云、构建不规则三角网、光滑三角网等步骤，生成不规则三角网模型（TIN 模型）。

（4）多视角纹理贴图及模型生成。

多视角纹理贴图及模型生成是指针对 TIN 模型建立三角网与纹理的相互关系，最终生成通用三维模型成果，如 OSGB 格式。多角度图像叠加示意图和三维模型示意图分别如图 5.13 和图 5.14 所示。

图 5.13　多角度图像叠加示意图

图 5.14　三维模型示意图

（5）质量检查。

质量检查贯穿于数据生产的各个过程，包括航空摄影、空三处理、三角网生成、模型生产，每一过程都要遵循相应标准，合格后方可进入下一流程。

（6）数据入库及时空化处理。

数据入库及时空化处理是指对 DOM 数据和 DEM 数据按影像数据方式进行时空化处理。倾斜摄影测量生产的三维模型是整片的、未进行单体化处理，通过对建筑物数据库以及空间位置进行管理，解决倾斜摄影数据的单体化问题。

3. 数据更新设计

倾斜摄影测量产生的成果属于基础数据，只是丰富基础测绘的手段，因此倾斜摄影的数据更新也应由市规划和自然资源局负责。同时，建议建立倾斜摄影更新机制，一般每年或每季度更新一次，满足日常管理需要，根据应急需要及时启动航飞以保障应急所需数据。

5.2.6.5　物联网节点建库及时空化处理

1. 建库范围与内容

物联网实时感知数据包括实时位置信息以及通过专业传感器感知的实时数据，主要指专业传感器感知的实时数据建设内容、实时位置信息数据，通过时空大数据管理平台获取数据并进行清洗处理，具体内容包括：

（1）整合地质环境物联网节点、农业物联网节点、桥梁监测、绿色建筑监测、气象监测、水利监测、地震监测等物联网节点的点位及动态监测数据。

（2）通过时空大数据管理平台，接入截至全市域 1.08 万平方公里范围的实时位置数据，对实时位置信息及其属性信息进行统一管理。

（3）针对上述感知设备的空间属性，如地址、编码、分类信息进行时空化处理，按对象添加时间属性。

2. 建库流程

物联网节点建库流程如图 5.15 所示，具体内容主要包括：

图 5.15　物联网节点建库流程

（1）数据获取。

数据获取是指从公安局的信息系统中获取摄像头和监测点的位置数据信息。

（2）数据处理及建库。

数据处理及建库是指针对获取的数据进行空间化处理，使其能落在基础地图上，整理物联网节点地址、名称等基本属性，建立摄像头和监测点的空间数据库。

（3）数据时空化处理。

数据时空化处理是指对物联网节点按规则进行统一编码，按对象添加时间属性，包括节点采集时间以及对应数据获取时间，建立物联网节点的时空数据库。

（4）时空物联网节点数据库。

时空物联网节点数据库可用于对物联网节点的大量实时数据进行存储和管理，主要侧重于数据存储，是物联网节点建库流程中的一个非常重要的基础环节。

（5）关联感知信息。

关联感知信息是指通过编码、数据时间建立公安图像资源库和监测数据库的对应关系，及时获取节点对应的感知信息。

3. 数据更新设计

物联网节点属于专题数据范畴，专题数据的更新主要依靠各专业部门，平台主要建立专题数据的空间库，专题数据的业务库在各部门，空间库和业务库通过对象编码进行关联，空间库的更新由业务驱动更新，更新手段包括后台批量更新、在线编辑更新等，业务库通过关联码实现动态更新。

5.2.6.6　超立体三维模型整合建库及时空化处理

1. 建库范围与内容

项目精细化三维模型整合建库的内容主要包括：

（1）采用倾斜摄影和激光点云融合技术进行港口、重点建筑等区域约 20 平方公里进行三维数据采集，建设超立体三维模型。

（2）针对模型进行统一编码，建立与二维建筑物的关联关系，按对象添加时间属性，构建三维模型的时空数据库。

2. 建库流程

超立体三维模型的建库流程如图 5.16 所示，其中关键步骤主要包括：

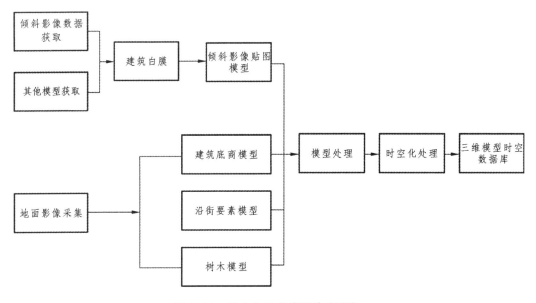

图 5.16　超立体三维模型建库流程

（1）倾斜影像贴图模型获取。

倾斜影像贴图模型获取是指采用激光点云、倾斜摄影，形成建筑白膜模型，在专有平台形成倾斜摄影贴图模型。

（2）其他模型获取。

其他模型获取是指通过地面影像数据采集，形成建筑底商模型、沿街要素模型及树木模型等。

（3）模型处理。

模型处理是指通过模型纹理匹配、纹理裁切等形成超立体三维模型。

（4）时空化处理。

时空化处理是指针对处理后的超立体三维模型，根据其对应的二维建筑物数据进行关联编码，逐对象赋予时间属性，如模型更新时间、模型所属建筑建设年代等，构建三维模型时空数据库，通过编码与建筑物数据库实现关联解决三维模型单体化问题。

3. 数据更新设计

超立体三维模型的数据更新方法与倾斜摄影测量数据更新方法类似，只是在技术手段上进一步提升，其数据更新由市规划和自然资源局负责。

5.2.6.7　建筑物数据整合建库及时空化处理

1. 建库范围与内容

项目的建筑物数据整合建库的内容主要包括：

（1）整合市规划和自然资源局现有的地上建筑物相关数据，覆盖规划区 1 442 平方公里范围内的相关数据。

（2）针对地上建筑物的相关数据进行统一编码，按对象添加时间属性，构建规划区内所有建筑物的时空建筑物数据库。

2. 建库流程

建筑物时空数据库的建库流程如图 5.17 所示，其中数据获取、数据处理和时空化处理的具体内容主要包括：

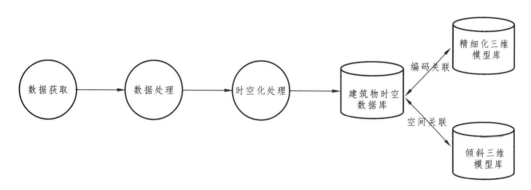

图 5.17　建筑物数据整合建库流程

（1）数据获取。

数据获取是指获取建筑物数据普查的成果，建筑物数据普查已单独立项。

（2）数据处理。

数据处理是指对普查数据成果进行处理，包括空间一致性处理及属性提取，去除涉密信息。

（3）时空化处理。

时空化处理是指对数据进行时空化处理，包括统一建筑物编码、添加建筑物采集时间、建筑物建设年代等时间属性，构建时空数据库，通过编码与超立体三维模型库实现关联，通过空间位置与倾斜三维模型库实现关联，解决三维模型无法单体化的问题。

3. 数据更新设计

建筑物数据虽然属于专题数据范畴，但其需求程度高，建议由市规划和自然资源局统一负责更新，更新手段一方面可以通过组织数据普查进行批量更新；另一方面可以与市规划和自然资源局土地发证和房产局房产发证结合，实现房屋数据随业务的动态更新。

5.2.6.8　行政区划数据整理建库及时空化处理

1. 建库范围与内容

项目行政区划数据整体建库内容主要包括：

（1）基于已有的行政区划数据，结合民政局最新的行政区划，构建行政区划空间和属性数据，包括市、区县、街道/乡镇、社区/村四级行政区划。

（2）对行政区划数据进行统一编码，添加时间属性，包括区划命名时间、数据更新时间，构建行政区划时空数据库。

2. 建库流程

行政区划数据整理建库的流程如图 5.18 所示，建库流程的具体内容主要包括：

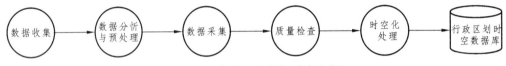

图 5.18　行政区划数据建库流程

（1）数据收集。

数据收集是指基于已有的行政区划数据，收集民政局最新的行政区划数据。

（2）数据分析与预处理。

数据分析与预处理是指对收集的数据进行分析和预处理，整理出的图形和属性都符合区划数据，对不符合的进行标示，打印图纸。

（3）数据采集。

数据采集是指针对预处理阶段图形与属性不相符的数据进行野外采集，获取区划的图形和属性数据。

（4）质量检查。

质量检查是指入库前对数据进行质量检查，包括空间拓扑关系、属性结构的完整性和正确性，检查合格后方可入库。

（5）时空化处理。

时空化处理是指针对入库的区划数据，按标准进行统一编码，按对象赋予时间属性，包括区划启用时间、数据更新时间，构建行政区划时空数据库。

3. 数据更新设计

行政区划数据属于基础数据范畴，但地形图中行政区划图层更新不及时，需单独提取出来作为专题数据来更新，项目规定行政区划的划分由相关部门负责。

5.2.6.9　地下管线、地理国情普查等专题数据整理建库

1. 建库范围与内容

地下管线、地理国情普查等专题数据整理建库的内容主要包括：

（1）整合市规划和自然资源局的管线专题数据，包括给排水管线、电力管线、燃气管线、通信管线等，按标准整理入库，数据范围视市规划和自然资源局普查的范围而定。

（2）整合市国情普查成果，包括地表数据、空间规划数据、经济社会数据、城市运行数据等，按标准整理入库，数据范围为全市域。

（3）针对地下管理和地理国情普查数据，项目不负责数据内容，只对成果做转化处理，因此，时空化处理时需分图层标示数据更新时间，构建时空数据库。

2. 建库流程

项目专题数据整理建库不改变原有专题数据结构，只对专题成果进行转换处理和时空化组织。地下管线、地理国情普查数据建库具体流程如图 5.19 所示，主要包括：

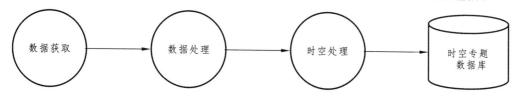

图 5.19　地下管线、地理国情普查数据建库流程

（1）数据获取。

数据获取是指获取市规划和自然资源局的地下管线专题数据和市国情普查数据成果，格式为 GIS 通用格式。

（2）数据处理。

数据处理是指对获取的数据进行分类整理、坐标转换、一致性检查等操作，建立地下管线和国情普查数据库。

（3）时空化处理。

时空化处理是指分图层标示数据的更新时间，初步构建时空专题数据库。

3. 数据更新设计

地下管线数据和地理国情普查数据都属于专题数据范畴，由相应部门负责更新。

5.2.7　数据存储设计

根据数据现状、数据采集方式、数据处理流程及业务需求等方面的综合分析，项目建设将形成生产库、成果库及应用库 3 大库，同时考虑数据安全问题，需要设计灾难备份库。数据资源存储设计如图 5.20 所示。

在数据存储方面，考虑到数据服务性能、节约费用以及数据安全等方面的问题，所有数据库均考虑采用分布式部署的数据库进行存储。同时，对于安全性要求较高的空间数据采用国产化具有自主知识产权的 GIS 数据库进行存储。其中，非结构化数据采用 HDFS 进行存储与管理，结构化数据采用 PostgreSQL 数据库进行存储与管理并利用 Elasticsearch 进行索引创建，建立结构化数据与非结构化数据的关联关系，支撑快速搜索服务。采用国产化且具有自主知识产权的能够支撑数据快速查询的 GIS 数据库来存储和管理空间数据，采用 Redis 数据库进行数据缓存，进一步确保服务效率。整体依托云平台提供的基础硬件环境进行分布式存储，分管结合。

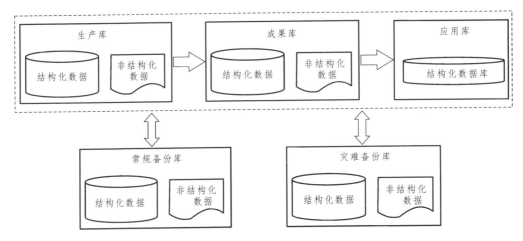

图 5.20   数据资源存储设计

5.2.8   时空大数据资源管理系统

1. 系统概述

时空大数据资源管理系统是对数据处理过程中形成的生产库、成果库及应用库进行全面的管理与维护。考虑到整体数据量大，时空大数据资源管理系统应采用 C/S 的架构模式，实现对各类数据资源的统一管理、更新，提供集成管理、可视化表达、查询检索、统计分析、历史数据管理、元数据管理及安全管理等功能。同时要形成数据管理、数据服务等 API 接口，支撑后期的扩展。形成"快速存储、方便查询、灵活调用、动态更新、支持扩展"的时空大数据资源管理系统。

2. 系统架构

系统按照 SOA 的分层架构模式，分为基础设施层（硬件及软件支撑平台）、数据资源层、组件服务层、系统应用层、用户层。时空大数据资源管理系统架构图如图 5.21 所示，主要包括：

（1）基础设施层（硬件及软件支撑平台）。

基础设施层是指依托云提供的硬件设施及软件支撑平台。

（2）数据资源层。

数据资源层主要由生产库、成果库、应用库、灾备库（灾难备份库、常规备份库）、系统维护库组成。

① 生产库主要包括通过数据采集、收集及其他方式获取的原始数据所建的数据库。

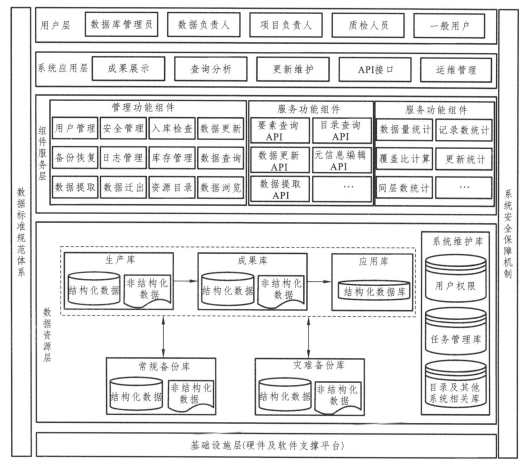

图 5.21　时空大数据资源管理系统架构图

② 成果库主要包括通过对生产库数据进行处理、清洗、格式化及时空化后形成的成果数据。

③ 应用库主要是基于成果库按照数据组织目录进行编目、提取、更新后形成的数据成果，其主要考虑格式化的数据入库。非格式化数据的原始数据仍存储在成果库中，应用库仅存储其对应的数据元信息。

④ 灾备库包括常规备份库和灾难备份库，主要对生产库、成果库及应用库进行备份，确保数据安全。

⑤ 系统维护库包括用户权限库、任务管理库、目录及其他系统相关库。

（3）组件服务层。

组件服务层是数据库管理和应用服务系统的基本服务能力的抽象，通过功能组件和服务接口向上能够支撑应用层的服务构建，向下通过统一数据访问接口能够操作数据层的数据资源。同时，对于复杂统计分析、综合检索等计算量较大的操作将在组件层构建并行计算环境和运算池以提高处理效率。

（4）系统应用层。

系统应用层是指基于组件服务层提供的功能组件和服务接口，面向时空大数据服务管理平台提供数据提取管道，支撑数据资源到服务资源的转换，同时面向用户提供数据查询、管理等功能。面向数据更新体系提供标准的数据实时更新服务接口。

（5）用户层。

用户层包括数据库管理员、数据负责人、项目负责人、质检人员、一般用户。不同的用户根据系统管理分配的权限，进行相应的应用操作和数据访问。

3. 系统功能设计

时空大数据资源管理系统功能设计的内容主要包括：

（1）成果展示模块。

成果展示模块主要对入库数据通过不同的方式进行可视化展示，为时空大数据资源管理系统提供全面的浏览途径，主要包括资源目录、数据浏览、统计分析、专题图和三维方式展示方式。

（2）查询统计模块。

查询分析模块主要提供不同的查询分析方式对入库数据进行查询和统计，包括地图定位、查询检索、数据提取、常规统计分析和专项统计分析等。

（3）更新维护模块。

更新维护模块主要实现对各类数据质检、入库、更新和提取功能，以任务的管理方式对数据库中的数据进行更新操作，更新完成后可对历史数据进行浏览和查看，同时结合不同的业务需求对数据库中的数据进行提取操作。

（4）成果应用模块。

成果应用模块主要针对应用库数据进行管理和发布，实现数据更新消息通知、元数据编辑、数据目录编辑及目录服务发布。同时支持按区域、按时间、按关键字等进行数据的查询及提取等，为时空大数据平台提供支撑。

（5）运维管理模块。

运维管理模块主要实现对时空大数据资源管理系统中的各类用户进行组织和权限管理，对目录信息和存储信息进行配置管理，对平台整体运行状态进行监控，对平台中的日志信息进行管理，实现生产数据库、成果数据库以及应用数据库的备份与还原。

5.3　业务中台

5.3.1　服务引擎

服务引擎是业务中台中共性关键技术和核心服务能力的基础支撑，是时空大数据服务资源形成的关键。根据项目的建设目标和建设内容，本期项目建设主要包括矢量地图服务引擎、影像地图服务引擎、三维地图服务引擎及业务流服务引擎4个部分。

5.3.1.1　矢量地图服务引擎

矢量地图服务引擎采用分布式存储与索引、空间索引编码压缩、数据渐进传输、图形图像渲染引擎、大数据分析等技术形成了新的空间数据模型和互联网架构模式，提供空间大数据的分布式存储与管理，支撑空间数据的快速查询、统计，面向地理信息平台提供空间数据处理及计算服务，面向业务系统提供空间要素搜索及查询服务支撑。矢量地图服务引擎架构如图 5.22 所示。

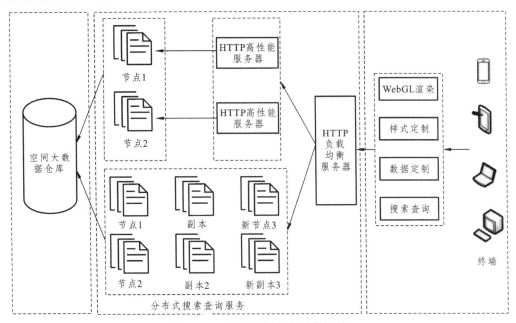

图 5.22　矢量地图服务引擎架构

5.3.1.2　影像地图服务引擎

影像服务引擎是以多源多时相、海量影像数据管理与发布为主线，采用分布式集群、多级缓存等技术实现的高效、可靠、安全、可扩展的影像数据一体化管理和应用，满足海量影像数据的管理、快速浏览、查询、服务发布与共享的影像服务平台。影像服务引擎框架如图 5.23 所示。

5.3.1.3　三维地图服务引擎

三维地图服务引擎是基于空间大数据引擎的分布式存储和并行计算架构，支持海量三维模型数据的快速处理、展示、分析及网络发布。提供全面的三维数据管理应用能力，包括三维数据处理、快速建模、高效管理、客户端快速渲染与应用等，主要包括：

（1）支持多种数据源接入。

支持的多种接入数据源包括城市景观数据、激光点云数据、BIM 模型数据、倾斜摄影数据、栅格数据、实时数据、DEM 数据等，可以实现全空间的二维和三维数据一体化管理。

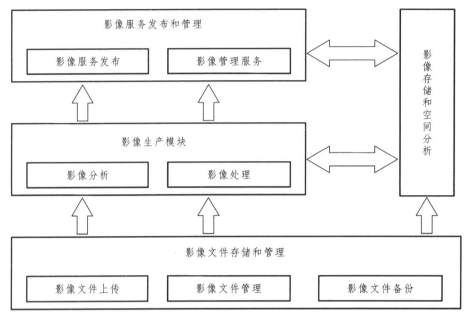

图 5.23　影像服务引擎框架

（2）基于云端分布式 GPU 集群环境。

基于云端分布式 GPU 集群环境可以提供并行可视化与计算框架，对海量三维数据进行多节点任务划分与调度，实现大规模复杂三维场景的分布式渲染。

（3）支持轻量级三维场景数据交换格式。

支持轻量级三维场景数据交换格式可以对海量三维数据进行网格划分与分层组织，采用流式传输模式，实现多端一体的高效解析和渲染。

（4）提供多种 BIM 数据导入方式。

提供的多种 BIM 数据导入方式可以实现 BIM 模型和地理空间场景的精准匹配以及属性的无损集成。利用 GIS 丰富的数据优化手段和高效的调度能力，实现 BIM 模型轻量化和高性能渲染。

（5）支持三维场景快速构建能力。

基于二维矢量数据或 CAD 数据，提供多样化的建模方法，实现从地上、地表到地下空间的城市部件三维模型快速、批量、自动化、低成本构建。

（6）提供基于 WebGL 的轻量级客户端三维运行环境。

提供的基于 WebGL 的轻量级客户端三维运行环境可以支持浏览器环境下的三维可视化和分析，支持在移动终端的开发、部署和运行，具备无须插件、轻量便捷、易扩展、易开发、跨浏览器、跨平台等特性。

5.3.1.4　业务流服务引擎

业务流服务引擎支持预定义业务流、业务流程样例、业务规则库、系统的流程设计、流程执行、可视化流程监控、流程分析统计、流程动态调整等功能，以满足各类应用的定制需要。应用场景包括基于时空大数据平台零代码搭建简单的展示型应用系统，或在统计图、表单、专题图等核心引擎之上开发较为复杂的业务系统。业务流服务引擎实现的功能主要包括：

（1）业务规则库管理。

① 预定义标准化规则模块，以及模块间流向关系。

② 预定义业务流程样例。

③ 预定义已有的业务流程样例如存储、解析、调用、修改、删除和退回操作。

（2）运行服务管理。

① 业务流程的装载与解释。

② 业务实例的创建和控制，如实例的运行、挂起、恢复、终止等。

③ 外部应用程序的调用。

④ 数据的调用。

（3）运行监控管理。

① 实时数据查询。

② 日志监督服务。

③ 日志分析挖掘服务。

④ 图形化的监测业务实例的运行情况。

⑤ 实时跟踪业务实例的运行情况。

⑥ 业务实例的状态控制。

日志统计服务示意图如图 5.24 所示。

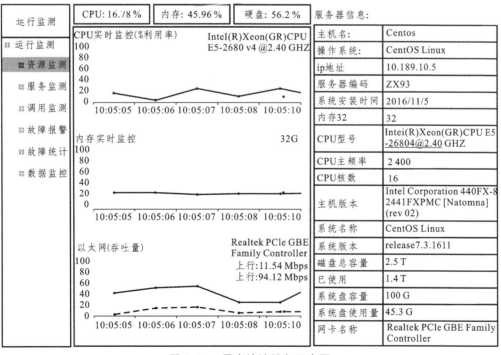

图 5.24　日志统计服务示意图

5.3.2   服务组件

服务组件是在服务引擎的基础上，结合实际业务需求，通过对服务引擎各项能力的组织、提炼及封装等形成的能够在平台内部进行数据流转、服务包装的各类服务集成接口，具体包括分布式数据库服务、宿主服务、时空数据服务等，具体内容包括：

（1）分布式数据库服务是指通过对平台中的数据库接口进行整理、封装后形成的面向数据查询、搜索、提取等操作的接口集合，提供对任意数据库中的数据操作服务。

（2）宿主服务是指对用户数据、应用以及可视化成果等能够在线寄存，同时支持用户对外的服务发布及服务支撑等。通过宿主服务的建设，使时空大数据平台能够具备新的服务能力，全面降低平台用户的费用需求，用户可利用时空大数据平台进行数据存储、应用管理、服务集成，进行自助的应用成果存储，支持第三方平台调用。

（3）时空数据服务是指时空大数据平台的基础服务，包括矢量地图服务、影像地图服务、专题图层服务以及三维地图服务、时空服务等，是在数据中台的基础上通过矢量地图引擎、影像地图引擎、三维地图引擎等对数据资源的转换而形成的服务集合。

5.3.3   时空大数据服务管理系统

1. 系统概述

时空大数据服务管理系统对外提供丰富、强大、优质、灵活的服务是系统建设的核心目标之一，随着大数据智能化的应用方式和应用需求而不断提升。服务管理系统将从以下三个方面提升时空大数据的服务能力：

（1）服务功能方面。

时空大数据服务不能仅停留在提供简单数据查询、图层叠加展示等基础功能上，必须向静态数据服务、动态数据服务、二次开发服务、功能服务、接口服务、大规模在线分析服务等多种服务类型方向转变。

（2）服务管理方面。

大量的不同类型、不同引擎的时空大数据服务也不能再仅仅依靠人工手动维护的方式进行管理，应该构建一套统一的管理系统，自动实现服务编排、发布与监控，减少人工操作环节。

（3）服务能力方面。

服务能力是指在满足系统快速响应大规模数据查询、分析请求的条件下，充分保证系统的可靠性、稳定性、安全性。

2. 系统框架

时空大数据服务管理系统以数据中台形成的数据资源为基础，结合服务引擎、服务组件实现时空数据到时空服务的转化，形成动态服务、静态服务等数据服务。在数据服务的基础上，综合各类业务需求，建设功能服务、模型服务、宿主服务等服务，支持服务的编辑、管理、注册与发布等，形成涵盖面向不同应用场景、满足各类用户需求的时空大数据的服务资源池。最终，通过综合门户系统，结合用户权限，面向实际用户按需、按权限提供各类服务支撑。时空大数据服务管理系统框架如图 5.25 所示，具体内容主要包括：

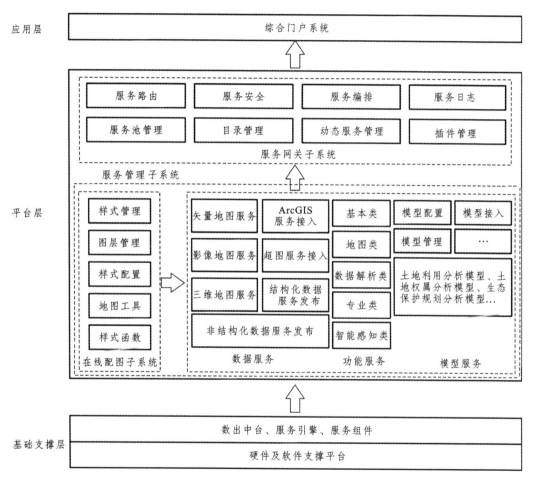

图 5.25　时空大数据服务管理系统框架

（1）基础支撑层。

基础支撑层是指在云提供的基础硬件环境基础上，结合时空大数据平台建设的时空大数据中心即席空大数据引擎为基础，面向服务管理平台提供的软件、硬件及数据资源服务支撑平台。

（2）平台层。

平台层主要包括服务管理系统建设的服务管理子系统和服务网关子系统。

① 服务管理子系统主要实现数据服务、功能服务及模型服务的构建与服务发布，以数据服务时空大数据服务引擎为核心，实现全矢量动态服务的构建，同时对接

ArcGIS、SuperMap（超图）、结构化、非结构化等服务发布引擎，以应用为导向，支持全类型数据服务发布。功能服务发布主要以基本类、地图类、数据解析类等类型进行划分与组织，形成对外的功能服务接口，直接支持数据分析与应用。模型服务主要提供专业行业模型的注册、在线编码及解析，通过模拟运行器转换后形成模型服务，支持外部直接调用，同时平台本身负责集成土地利用、土地权属、土地规划等自然资源相关行业的模型服务。

②服务网关子系统主要在服务发布的基础上进行资源池化，支持外部第三方服务的注册，实现服务资源池的统一服务管理、安全控制，主要包含服务资源池管理、路由管理、插件管理、服务安全、服务编排、服务日志、目录管理及动态服务管理等功能模块。

（3）应用层。

应用层主要指综合门户系统。服务管理系统作为统一的服务出口为综合门户系统提供服务资源，门户系统通过接入服务资源池进行服务的展示和应用，提供用户的申请和调用。

3. 功能设计

时空大数据服务管理系统的建设是围绕服务管理和路由来进行的，主要解决服务资源的统一管理和维护问题，保证对外提供服务的稳定、安全和可统计，具体包括系统首页、在线配图、服务管理和服务网关四个模块。时空大数据服务管理系统功能架构如图5.26所示。

4. 系统首页

系统首页是时空大数据服务管理平台的入口，展示平台的数据概览和运行概况，具体包括服务接入流程展示、服务分类统计、热门资源排行、实时服务统计等模块。平台首页功能如表5.6所示。

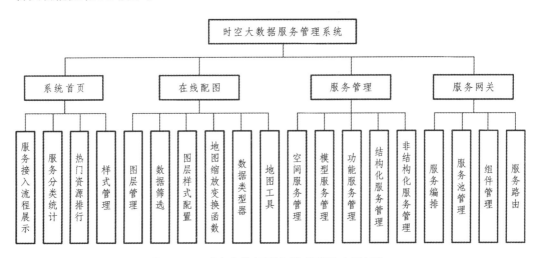

图 5.26   时空大数据服务管理系统功能架构

表 5.6　系统首页功能设计

序号	功能模块	功能子项	功能点	功能说明
1	服务接入流程展示	服务发布	发布统计	实现对服务发布数量的统计
2		服务注册	注册统计	实现对服务注册数量的统计
3		服务资源池	资源池统计	实现对服务资源池数量的统计
4		服务路由	路由统计	实现对资服务路由数量的统计
5	服务分类统计	空间数据服务	数量统计	实现对空间服务数量的统计
6			访问统计	实现对空间服务访问量的统计
7		功能服务	数量统计	实现对功能服务数量的统计
8			访问统计	实现对功能服务访问量的统计
9		模型服务	数量统计	实现对模型服务数量的统计
10			访问统计	实现对模型服务访问量的统计
11		结构化服务	数量统计	实现对结构化服务数量的统计
12			访问统计	实现对结构化服务访问量的统计
13		非结构化服务	数量统计	实现对非结构化服务数量的统计
14			访问统计	实现对非结构化服务访问量的统计
15	热门资源排行	热门资源	热门资源访问排行	根据服务发布以来的访问量统计进行排行，取访问量最高的前 10 个服务，利用柱状图表示
16	实时服务统计	实时服务	数量统计	实现对实时服务数量的统计
17			访问统计	实现对实时服务访问量的统计

5. 在线配图模块

为了确保数据服务能够更好、直观、可视化地面向用户，在线配图模块是为提供更加切合其业务的数据服务而设计的。在线配图模块主要实现对空间数据点、线、面进行颜色、大小、符号、线型等配置工作，最终形成完整的可读性较强的地图服务，具体包括样式管理、图层管理及图层样式配置等功能。系统功能模块对照的具体功能见表 5.7 所示，主要包括：

表 5.7　系统功能模块对照表

系统模块	功能模块	功能描述
样式管理	样式属性	定义样式的属性信息，包括名称、版本号、级别、中心等
	雪碧图路径	指定该样式使用的雪碧图路径
	字体路径	指定该样式使用的字体路径
	数据源指定	指定该样式使用的数据源

系统模块	功能模块	功能描述
图层管理	添加图层	添加一个新的样式图层，进行样式配置
	删除图层	删除指定的样式图层
	隐藏图层	隐藏指定的样式图层
	数据过滤	在指定数据源的基础上进行数据过滤，作为样式配置的基础单元
数据筛选	数据筛选	通过比较过滤器、集合隶属过滤器、复合过滤器从图层选择特定的要素
图层样式配置	背景图层	设置背景图层的样式
	填充图层配置	设置填充图层的样式
	线状图层配置	设置线状图层的样式
	符号图层配置	设置符号图层的样式
	圆状图层配置	设置圆状图层的样式
地图缩放变换函数	函数设置	使得地图要素的样式随当前缩放级别和要素字段变化
数据类型器	数据类型器	根据数据的类型、界面交互的要求，提供颜色选择器、字段选择器、枚举型选择器、透明度选择器、数组类型选择器等功能，满足加护需求；提供对数值、样式属性判断是否正确；提供地图操作基本工具
地图工具	地图位置工具	设置地图默认显示位置
	光源调整工具	设置光源的属性信息
数据源	数据源查询	提供数据源信息、数据源关系查询功能，如名称、空间参考、图层数量、层级等信息查看

（1）样式管理。

样式管理主要是对地图可视化样式的分类管理，具体包括样式属性的编辑、已有样式的导入、样式的保存及编辑等功能，全面支撑样式复用及快速编辑，提高样式配置效率。

（2）图层管理。

图层管理是对样式文件中对应的各个空间图层进行管理，可以对图层进行添加、复制、建立图层组、隐藏和删除等操作，对选中的图层或者图层组可以上下拖动调整图层顺序，以达到调整图层压盖关系和避让优先级等。

（3）数据筛选。

数据筛选主要是通过过滤器函数对图层中指定的要素进行控制配置，支撑空间数据的展示逻辑业务，如字段是否展示、字段比较、集合隶属过滤等。

（4）图层样式配置。

图层样式配置是通过多种不同的方式进行图层样式的渲染。系统提供各种不同的图层样式配置方式，具体包括背景图层（Background）、填充图层（Fill）、线状图层（Line）、圆状图层（Circle）、符号图层（Symbol）和三维拉伸图层（Fill-Extrusion）。样式函数则针对此业务设计，实现配置样式的属性按照指定条件进行变化，具体包括级别变换函数和字段变化函数两种。

（5）地图缩放变换函数。

地图缩放变换函数是对地图进行缩放时，图层展示变化的控制。通过地图缩放变换函数可实现地图要素的展示样式随当前缩放级别和要素字段进行变化。

（6）数据类型器。

数据类型器是对图层要素的颜色、大小、透明度、字段等展示方式的配置和控制，具体包括颜色选择器、字段选择器、枚举型选择器、透明度选择器、数组型选择器、数值判断、样式属性判断等。

（7）地图工具。

地图工具是为了方便地图的配置，提供的能够进行快速操作的工具，包括地图位置、操作历史、光源、帮助说明、图层导出等工具。

（8）数据源。

数据源是对各种来源数据进行管理的功能模块，数据源的管理包括对数据源信息、数据源关系查询功能等进行管理，如名称、空间参考、图层数量、层级等信息的查询。

6. 时空大数据服务管理模块

时空大数据服务管理模块是对服务资源进行分类管理，提供服务注册、发布、暂停、删除和详情信息的查看与维护等功能，如表 5.8 所示，具体包括空间服务管理、功能服务管理、模型服务管理、结构化服务管理、非结构化服务管理和实时服务管理。针对空间服务，时空大数据服务管理模块提供时空大数据服务引擎的接入，可以实现空间服务的自动发现和批量注册。

表 5.8　服务管理模块功能设计

序号	功能模块	功能子项	功能点	功能说明
1	空间服务管理	服务注册	服务编码	自动生成平台服务唯一编码供外界统一识别
2			服务类型	支持时空大数据服务引擎、SuperMap、ArcGIS、wms 和 wmts 多种空间服务
3			获取数据量	自动检测空间大数据服务引擎所发布服务所有图层数据量
4			内容编辑	可以对服务名称、服务地址、坐标系、数据来源、覆盖范围、备注描述等进行编辑修改

续表

序号	功能模块	功能子项	功能点	功能说明
5	空间服务管理	空间服务列表	分页查询	对空间服务按注册时间顺序倒排,每页10条数据,点击页码可以直接跳转到对应页面
6			搜索	可对服务名称进行模糊匹配搜索
7			发布	点击发布可让服务被外部调用
8			暂停	暂停服务被外部调用
9			详情	查看当前服务的元数据信息
10			删除	删除空间服务
11		服务发现	服务发现类型	支持对接时空大数据服务引擎、SuperMap发布引擎、ArcGIS发布引擎,实现服务自动发现
12			服务发现配置	对不同的服务发布引擎配置不同的服务发现地址、请求方式和请求参数
13			发现列表	自动从服务发布引擎拉取服务列表,分页加载
14			服务注册	选取自动发现的服务即可按类型自动注册到空间服务
15			一键注册	支持选取多个自动发现服务一键同时注册到空间服务
16	模型服务管理	模型服务注册	服务编码	自动生成平台服务唯一编码供外界统一识别
17			内容编辑	可以对模型服务名称、服务地址、请求参数、返回参数、备注描述等进行编辑修改
18		模型服务列表	分页查询	对模型服务按注册时间顺序倒排,每页10条数据,点击页码可以直接跳转到对应页面
19			搜索	可对模型服务名称进行模糊匹配搜索
20	功能服务管理	功能服务注册	服务编码	自动生成平台服务唯一编码供外界统一识别
21			内容编辑	可以对功能服务名称、服务地址、请求参数、返回参数、备注描述等进行编辑修改
22		功能服务列表	分页查询	对功能服务按注册时间顺序倒排,每页10条数据,点击页码可以直接跳转到对应页面
23			搜索	可对功能服务名称进行模糊匹配搜索
24			发布	点击发布可让服务被外部调用
25			暂停	暂停服务被外部调用
26			详情	查看当前服务的元数据信息
277			删除	删除功能服务

7. 服务资源发布流程设计

服务网关对空间服务和其他服务资源有不同的处理方式，以便于空间和时间结合，以及兼容不同类型的空间数据服务。用户将数据资源注册到服务网关，完成路由对外提供服务支撑的完整流程。服务资源发布流程设计如图 5.27 所示。

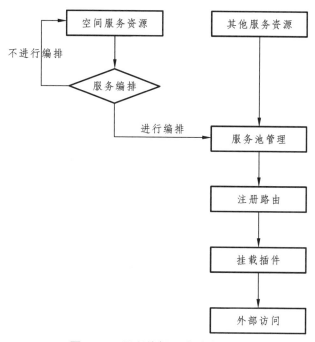

图 5.27　服务资源发布流程设计

8. 服务网关功能设计

服务网关是所有服务资源统一的出口，通过服务发布引擎形成的各类服务，将统一使用时空大数据服务网关实现对外服务的管理。服务网关主要包括：

（1）实现时空大数据服务资源池管理、服务路由管理、服务组件管理、服务编排及服务目录管理，通过服务路由隐藏真实服务地址，使服务调用安全、可控和可统计。

（2）通过服务编排可以实现更加灵活便捷的服务调用。

（3）服务组件则可使在不改变原始服务的基础上实现内容替换、访问控制、服务授权等丰富的功能。

服务网关子系统功能设计见表 5.9。

表 5.9　服务网关子系统功能设计

序号	功能模块	功能子项	功能点	功能说明
1	服务编排	时空服务编排	注册	选择不同时间对应的不同服务，可以编排出一个新的时空服务，同时可对新的服务名称和描述进行编辑
2			列表	对时空服务按注册时间顺序倒排，每页 10 条数据，点击页码可以直接跳转到对应页面

序号	功能模块	功能子项	功能点	功能说明
3	服务编排	时空服务编排	搜索	可对时空服务名称进行模糊匹配搜索
4			发布	点击发布可让时空服务可被外部调用
5			暂停	暂停服务被外部调用
6			详情	查看当前服务的元数据信息
7			删除	删除时空服务
8		空间服务组合	注册	选择不同服务发布引擎对应的服务，可以编排出一个新的服务组合，支持时空大数据引擎、SuperMap、ArcGIS、wms 和 wmts 的组合，发布一个服务便可以同时支持多种渲染引擎
9			列表	对时空间服务组合按注册时间顺序倒排，每页 10 条数据，点击页码可以直接跳转到对应页面
10			搜索	可对空间服务组合名称进行模糊匹配搜索
11			发布	点击发布可让时空服务可被外部调用
12			暂停	暂停空间服务组合被外部调用
13			详情	查看当前空间服务组合的元数据信息
14			删除	删除空间服务组合
15	服务池管理	服务池列表	分页	对已经发布的服务按发布时间顺序倒排，每页 10 条数据，点击页码可以直接跳转到对应页面
16			详情	查看当前服务的元数据信息
17			关联路由	查看当前服务对外路由的编码和地址
18			搜索	可对已经发布的服务名称进行模糊匹配搜索
19			删除	在服务池中删除服务
20	组件管理	组件列表	列表	统一查看当前系统支持的服务组件
21		组件详情	详情	查看服务组件的具体使用方式和参数配置方式
22	服务路由	资源注册	注册	将服务池中的服务资源注册到服务路由，生成新的路由地址供外界访问，同时挂载到分类目录
23		服务路由列表	分页	对服务路由按注册时间顺序倒排，每页 10 条数据，点击页码可以直接跳转到对应页面
24			搜索	可对服务路由名称进行模糊匹配搜索
25			详情	查看当前的路由名称、地址及其关联的服务信息
26			启动	启用服务路由
27			暂停	暂停服务路由

5.3.4　时空大数据运维管理系统

1. 系统概述

整个时空大数据平台是由时空大数据资源管理系统、综合门户系统、服务管理系统以及运维管理系统等多个子系统有机组成的。这些系统既互相支撑又独立运行，能够对各子系统进行统一的监控和管理、平台运行预警等，是保障时空大数据平台有效运行的前提。因此，需要通过运维管理子平台实现对时空大数据平台硬件、软件、数据资源、服务资源的全面监控和日志统计，从而确定运维人员的工作量，全面确保时空大数据平台的稳定运行。

时空大数据运维管理系统以"构建自动化、智能化的运维管理服务体系，全面支撑运维管理人员进行时空大数据平台的有效管理"为总体目标，采用标准接口的方式与时空大数据平台各子系统进行全面对接，通过对各子系统硬件、软件、服务资源的扫描与跟踪，结合预警阈值配置等手段实现对各子平台的硬件、软件、服务资源的全面监控与预警，全面支撑时空大数据平台的长期、稳定运行。

2. 系统框架

时空大数据运维管理系统主要实现对时空大数据平台硬件、软件、应用、服务等的全面监控，对平台的运行情况进行精准判断，定位平台的异常或给出预警原因，提高运维人员效率。时空大数据运维管理系统通过服务接口的方式与平台的各个子系统及硬件系统进行对接，实现对各子系统服务状态、运行状态的全面监控，支持对预警阈值的配置等，具体包括平台首页、服务资源统计、硬件监控、巡检机器人、用户管理、审批管理、统一认证、日志管理、日志分析、消息中心和系统配置共 11 个模块的建设。时空大数据运维管理系统框架图的平台结构如图 5.28 所示，具体内容主要包括：

（1）基础支撑层。

基础支撑层是指以云提供的存储资源和计算资源为基础，结合网络通信、安全等设备，为平台提供基础设施环境。

基础支撑层以时空大数据平台中的服务资源池、硬件资源池为基础，结合日志收割、大数据统计分析等，实现平台服务资源、硬件资源运行状态的全面接入，基于日志收割、大数据统计分析等技术支撑平台运行。

（2）平台层。

平台层包括平台首页、服务资源统计、硬件监控、服务巡检、用户管理、审批管理、统一认证、日志管理、日志分析、消息中心和系统配置共 11 个模块，具体内容包括：

① 平台首页展示时空大数据平台的运行状态，实现各类资源、硬件及用户的行为监控。

② 服务资源统计实现服务、功能、模型等各类服务资源的统计。

③ 硬件监控主要针对各平台的硬件资源进行统一管理、监控和预警。

④ 服务巡检对服务、应用系统的 7*24 小时智能巡检，保证服务、软件的正常访问，为运维管理人员提供数据的有效管理和监控支撑。

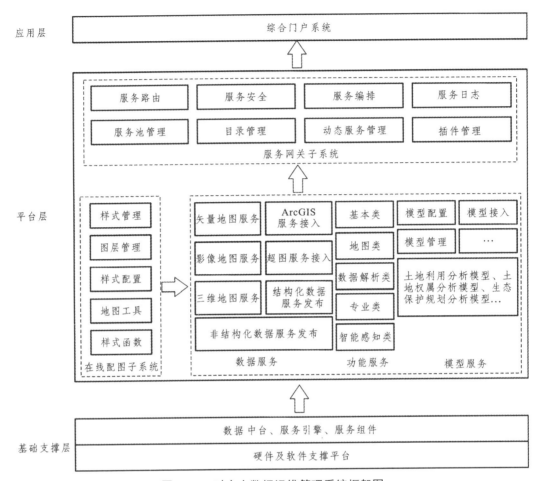

图 5.28　时空大数据运维管理系统框架图

⑤ 用户管理主要实现用户的全面管理，支持用户的增、删、改、查，查看在线用户，提供黑名单、用户下线等安全设置功能。

⑥ 审批管理主要实现对审批事项进行管理，包括审批事项内容、审批材料是否齐全、审批材料格式是否符合要求等方面的内容。

⑦ 统一认证模块主要通过对用户角色、权限管理、会话管理等管理，实现对用户信息的全面认证，支撑用户与平台管理员的交互。

⑧ 日志管理和日志分析主要通过收割、汇聚各平台的日志内容，对日志进行统计分析，对服务调用，用户行为以及外部应用实现统计分析。

⑨ 消息中心主要针对用户反馈的消息进行统一回复，支持各平台的消息推送。

⑩ 系统配置支持系统基本信息及系统模块的全面配置。

（3）应用层。

应用层包括时空大数据平台的各个子系统，通过运维管理平台对各子平台的全面运行和监控，实现对运维管理平台的有效管理和运维，面向平台运维、管理人员提供服务支撑。

3. 系统功能

平台建设的核心是通过与时空大数据平台中涉及的各个子平台进行对接,实现对各个软件子平台的软件服务、数据服务、硬件环境进行全面监控和日志跟踪,通过日志分析、阈值配置等方面实现平台的预警和异常分析,全面保障平台的持久、稳定运行。时空大数据运维管理系统功能架构如图 5.29 所示,主要包括平台首页、服务资源统计、硬件监控、服务巡检、用户管理、审批管理、统一认证、日志管理、日志分析、消息中心和系统配置共 11 个模块。

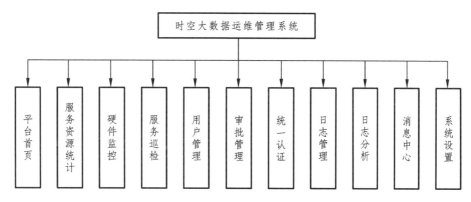

图 5.29　时空大数据运维管理系统功能架构

4. 系统首页

系统首页是运维管理平台的入口,实现对平台各项资源整体情况统计、分析与展示。通过对平台各项指标的统计、分析与可视化展示,向运维管理人员提供便捷可靠的平台状态掌控服务。系统首页具体包括资源管理、资源服务流向、部门活跃排行、今日资源访问排行、近七天访问流量、服务巡检、硬件资源监控、热搜词,如表 5.10 所示。

表 5.10　系统首页功能设计

序号	功能模块	功能子项	功能点	功能说明
1	资源管理	今日统计	用户访问统计	实现对今日访问用户数统计与展示
2			服务发布统计	实现对今日服务发布数据统计与展示
3			服务访问统计	实现对今日服务访问次数的统计与展示
4			累计用户统计	实现对累计用户的统计与展示
5			数据服务统计	实现对数据服务的统计与展示
6			功能服务统计	实现对功能服务的统计与展示
7			模型服务统计	实现对模型服务的统计与展示
8			累计调用次数	实现对累计调用次数的统计与展示
9			累计访问流量	实现对累计访问流量的统计与展示

序号	功能模块	功能子项	功能点	功能说明
10	资源管理	过去一周统计	与今日统计指标一致	与今日统计功能一致
11	资源服务流向	总体流向	资源流向统计	实现对总体资源流向的统计与展示
12		调用数据量查询	数量查看	实现对资源流向的数据量查看
13	部门活跃排行	部门活跃排行统计	部门数据访问统计	按部门统计数据访问情况,图表展示部门活跃度
14	今日资源访问排行	今日资源访问排行	今日资源访问统计	实现对今日资源访问的统计,图表展示资源访问活跃度
15	近七天访问流量	近七天访问流量	近七天访问流量统计	实现对近七日的访问流量统计,图表展示访问详情
16	服务巡检	查看详情	巡检统计展示	展示服务巡检实时状况
17		异常跟踪	异常服务查看	实现快速查看异常服务信息
18	硬件资源监控	快速切换	切换监控服务器	实现各平台监控的服务资源切换
19		查看详情	查看服务器运行详情	实现服务器运行详情查看
20	热搜词	热搜词	热搜词详情	实现热搜词的访问统计与展示

5. 系统服务资源统计模块

系统服务资源统计模块通过对接综合门户平台相关接口,实现对数据服务、功能服务、模型服务等服务资源进行分类统计及可视化展示。

6. 系统服务资源统计模块业务流程

系统服务资源统计模块业务流程是指按照数据服务资源、功能服务资源、模型服务资源来分类实现资源信息查询统计与可视化展示。通过与各子平台的硬件接口、数据接口对接,实现平台各类服务情况的分类统计,接口前端渲染模式,最终向用户提供各类信息的宏观及可视化展示。系统服务资源统计模块业务流程如图5.30所示。

7. 系统服务资源统计模块功能

系统服务资源统计模块主要通过与平台资源服务接口的对接,向平台运维管理人员提供平台数据服务资源、功能服务和模型服务的宏观统计结果的可视化展示,支撑运维管理人员对平台各类资源的宏观掌控和动态监控。同时,为了确保运维人员对平台资源的充分管理和掌控,平台将采用分类统计结合图表展示等多种方式支撑运维管理人员对平台的全面管控。系统服务资源统计模块功能模块见表5.11所示。

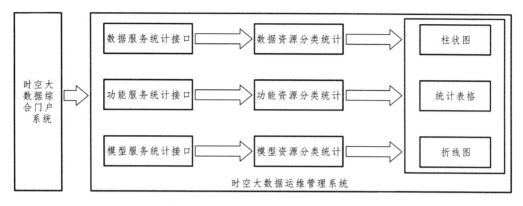

图 5.30　服务资源统计模块业务流程

表 5.11　服务资源统计模块功能模块设计

序号	功能模块	功能子项	功能点	功能说明
1	服务资源统计	服务资源分类统计	数据服务统计	实现数据服务的分类统计
2			功能服务统计	实现功能服务的分类统计
3			模型服务统计	实现模型服务的分类统计
4			服务资源可视化展示	服务资源的分类统计，图表展示分类统计详情

8. 系统硬件监控模块

系统硬件监控模块通过对时空大数据平台中的所有服务器资源进行统一管理和监控，整合各个平台的服务器资源，实现对各服务器资源的基本信息进行统一浏览和查看，对接基础支撑平台的硬件状态接口，实现对各个服务器的运行状态进行监控。同时提供用户自定义预警阈值，当硬件状态达到阈值时，对平台进行预警提示。

9. 系统硬件监控模块业务流程

系统硬件监控通过集成时空大数据平台各子系统的服务器资源进行统一管理和状态查看，对接基础支撑平台的服务器监控接口，实现服务器运行状态进行实时监控，通过预警阈值的设置实现硬件预警、异常信息的即席预警和报警。硬件子系统业务具体流程如图 5.31 所示。

10. 系统硬件监控模块功能

系统硬件监控模块主要面向平台运维管理人员提供服务器硬件资源的实时监测和结果的可视化展示，支撑运维管理人员对硬件运行状态的宏观掌控和动态监控。硬件监控模块功能模块主要包括硬件资源运行状态监控、硬件状态监控、硬件资源可视化管理、预警配置、预警信息等功能，具体内容见表 5.12 所示。

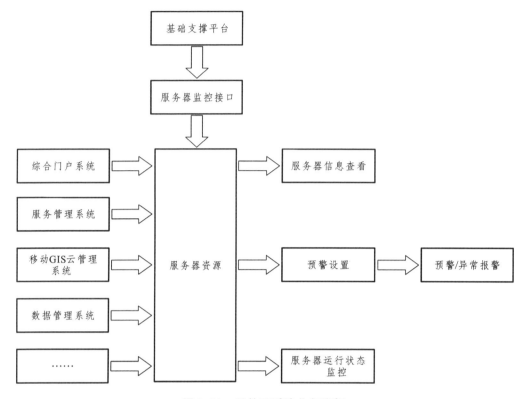

图 5.31   硬件子系统业务流程

表 5.12   硬件监控模块功能模块

序号	功能模块	功能子项	功能点	功能说明
1	硬件资源运行状态监控	CPU 使用率	CPU 使用状态查看	实现 CPU 的使用状态信息查看
2		内存使用率	内存使用状态查看	实现内存使用状态信息查看
3		磁盘使用率	磁盘使用状态查看	实现磁盘使用状态信息查看
4	硬件状态监控	累计预警次数	预警次数查看	实现累计预警次数查看
5		累计异常次数	异常次数查看	实现累计异常次数查看
6		正常运行时间	正常运行时间查看	实现累计运行时间查看
7	硬件资源可视化管理	硬件分布情况展示	服务器分布情况展示	服务器分布情况展示
8		按子平台查看硬件服务器	平台服务器分布情况展示	实现按平台分类展示各平台服务器分布情况
9		服务器节点详细信息查看	查看服务器详细信息	实现服务器的详细信息展示
10	预警配置	硬件预警信息配置	预警配置信息新增、编辑、删除	实现硬件资源的配置信息管理
11	预警信息	预警信息查看	预警信息列表	实现预警信息列表展示

11. 系统服务巡检模块

系统服务巡检模块提供对时空大数据平台服务运行状态的全面监控和展示，为平台长期稳定运行的提供支持。结合服务巡检信息的配置，实现服务资源的有效监测，为服务的稳定运行保驾护航，具体包括服务巡检、巡检设置和巡检结果统计等模块。

12. 系统服务巡检模块业务流程

系统服务巡检模块业务流程主要用于管理对时空大数据平台的各项服务进行 7*24 的实时监控，确保平台提供的资源服务稳定运行。通过对平台的数据服务、功能服务及应用系统等接入实现对服务巡检的支撑，利用对平台巡检周期、巡检范围、巡检次数、巡检结果发送的短信等信息的配置以及各个服务的具体巡检需求，实现对平台服务资源科学合理的巡检。最后，对巡检结果进行统计，全面实现平台服务的有效巡检与跟踪，确保资源服务的有效、稳定运行。服务巡检模块业务具体流程如图 5.32 所示。

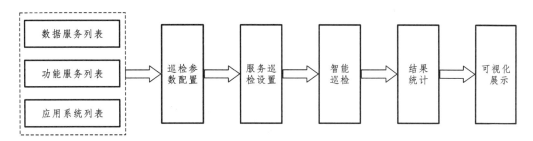

图 5.32   服务巡检模块业务流程

13. 系统服务巡检模块功能

系统服务巡检总体包括服务巡检内容、巡检流程设置、巡检参数设置、巡检功能编辑模块。服务巡检模块功能模块具体见表 5.13 所示。

表 5.13   服务巡检模块功能模块设计

序号	功能模块	功能子项	功能点	功能说明
1	服务巡检内容	服务巡检	数据服务巡检	实现数据服务的巡检
2			功能服务巡检	实现功能服务的巡检
3			模型服务巡检	实现模型服务的巡检
4		应用巡检		实现应用的巡检
5		巡检状态	巡检详情	实现巡检状态展示
6	巡检流程设置	巡检目录设置	巡检目录列表	实现服务巡检目录展示
7			巡检目录搜索	实现巡检目录搜索
8			巡检启停	实现服务巡检的启动和暂停
9			巡检编辑	实现巡检服务信息编辑
10			巡检删除	实现巡检服务删除

续表

序号	功能模块	功能子项	功能点	功能说明
11	巡检参数设置	服务参数设置	巡检周期	实现巡检周期设置
12			网关 IP、端口设置	实现服务巡检网关、IP 设置
13			初始化定时器设置	实现巡检初始化定时器设置
14			巡检次数	实现巡检次数配置
15			短信地址	实现巡检短信发送地址设置
16			巡检开启	实现巡检是否开启
17	巡检功能编辑	应用目录设置	巡检应用添加	实现巡检应用的新增
18			巡检应用编辑	实现巡检应用的配置
19			巡检应用删除	实现巡检应用删除

14. 系统用户管理模块

系统用户管理模块实现对时空大数据平台的所有用户进行全面管理，包括服务资源统计、用户管理、部门管理、在线用户、黑名单、用户资源管理等功能，详细内容见表5.14 所示。

表 5.14　用户管理模块功能模块设计

序号	功能模块	功能子项	功能点	功能说明
1	服务资源统计	服务资源分类统计	数据服务统计	实现数据服务的分类统计
2			功能服务统计	实现功能服务的分类统计
3			模型服务统计	实现模型服务的分类统计
4			服务资源可视化展示	通过对服务资源的分类统计，实现图表展示分类统计详情
5	用户管理	用户添加		实现平台用户的添加
6		用户编辑		实现平台用户的编辑
7		用户验证		实现用户验证
8		用户禁用		实现用户禁用
9		用户启用		实现用户启用
10		加入黑名单		实现用户拉入黑名单
11	部门管理	部门查询		实现部门信息查询
12		部门添加		实现部门信息添加
13		部门删除		实现部门信息删除
14		部门编辑		实现部门信息编辑
15	在线用户	当前用户在线情况		实现在线用户列表展示

续表

序号	功能模块	功能子项	功能点	功能说明
16	在线用户	强制用户退出		实现强制退出当前用户
17	黑名单	IP黑名单		实现被系统拉黑的 IP 列表展示
18		用户黑名单		实现被拉黑的用户展示
19	用户资源管理	按部门统计	部门列表	实现部门列表展示
20			部门搜索	实现部门信息搜索
21			部门资源统计	实现部门资源统计
22			部门拥有资源展示	实现部门资源统计和展示
23			部门资源可视化（如柱状图、折线图）	实现部门资源可视化展示
24		按用户统计	用户列表	实现用户信息列表展示
25			用户搜索	实现用户信息关键词搜索
26			用户资源统计	实现用户资源统计
27			用户拥有资源展示	实现用户服务资源展示
28			用户资源可视化（如柱状图、折线图）	实现用户资源可视化展示

15. 系统审批管理模块

系统审批管理模块实现对用户注册、用户资源服务申请的管理与审批，包括服务审批和用户审批两种。服务审批是用户通过综合门户平台进行数据资源的查看，对其所需的资源可进行服务调用的申请。用户审批是用户通过门户平台发出注册申请，通过运维管理平台审批后成为平台的普通用户。运维管理人员通过该模块，根据用户的基本信息、申请理由、申请服务基本信息的查看，给出申请结果。系统审批管理模块提供按照审核状态进行列表的筛选与查看，支持服务的搜索等功能，见表 5.15 所示。

表 5.15　审批管理模块功能模块设计

序号	功能模块	功能子项	功能说明
1	服务审批	服务审批列表	实现服务审批列表展示
2		服务审批	实现对用户申请的服务进行审批
3		历史审批	实现历史审批列表展示
4	用户审批	待审核列表	实现用户待审核列表展示
5		用户审核	实现注册用户或新增用户审核
6		历史审核	实现历史审核列表展示

16. 系统统一认证模块

系统统一认证模块实现时空大数据平台的用户认证中心，负责用户角色、用户权限及用户在线访问的统一管理，通过角色管理实现用户角色的有效管理。系统统一认证模块具体包括角色管理、权限管理、服务调用认证三个模块，另外系统统一认证模块还提供对第三方服务调用时的权限认证功能，见表5.16所示。

表 5.16   统一认证模块功能模块设计

序号	功能模块	功能子项	功能说明
1	角色管理	角色新增	实现角色信息新增
2		角色编辑	实现角色信息编辑
3		角色查询	实现角色信息查询
4		角色删除	实现角色信息删除
5	权限管理	平台权限配置	实现各平台权限配置
6		权限映射	实现平台权限映射
7	服务调用认证	数据服务授权	实现数据服务权限控制
8		功能服务授权	实现功能服务权限控制
9		模型服务授权	实现模型服务权限控制

17. 系统日志管理模块

系统日志管理主要通过对时空大数据平台中各子系统产生的各类日志进行收割和汇聚，进行统一存储和管理，主要存储用户登录日志、权限管理日志、巡检日志和操作日志，采用图表的方式展示用户登录日志、服务访问日志和服务异常日志、日志列表查询、分类查询、日志搜索等功能，方便运维人员进行日志详细信息查看和查询。

系统日志管理模块功能模块见表5.17所示，主要包括日志接入、日志记录、日志列表。

表 5.17   日志管理模块功能模块

序号	功能模块	功能子项	功能说明
1	日志接入	数据转换日志接入	实现数据转换的日志接入
2		综合门户平台日志接入	实现综合门户的日志接入
3		服务管理平台日志接入	实现服务管理平台日志接入
4		日志切割	实现日志切割入库
5	日志记录	用户登录日志	实现用户登录日志的记录
6		权限管理日志	实现权限管理日志记录
7		巡检日志	实现巡检日志记录
8		操作日志	实现操作日志记录
9	日志列表	用户登录日志	实现用户登录日志列表展示
10		服务访问日志	实现服务访问日志列表展示
11		服务异常日志	实现服务异常日志列表展示

18. 系统日志分析模块

系统日志分析通过对平台记录的日志信息进行统计分析，实现对用户行为的分析和挖掘。本模块从服务、用户、应用三个视角进行分析，可以有效挖掘平台的热门资源、活跃用户和活跃应用等信息。日志分析模块主要包括登录统计、用户分析、服务分析和应用分析四个功能模块，见表 5.18 所示。

表 5.18 日志分析模块功能模块设计

序号	功能模块	功能子项	功能点	功能说明
1	登录统计	用户登录统计列表	按时间段统计	实现按时间段统计用户登录日志
2			自定义日期统计	实现按自定义日期统计登录日志
3	用户分析	用户分析列表	查看用户服务访问次数	实现用户服务访问次数查看
4			查看用户服务访问详情	实现用户服务访问详情查看
5			用户搜索	实现用户访问日志搜索
6		用户访问统计	自定义日志统计	实现用户访问日志统计
7			按服务类型统计	实现按服务类型统计用户访问日志
8		用户访问可视化	用户访问排行柱状图	实现用户访问排行柱状图展示
9			用户访问排行折线图	实现用户访问排行折线图展示
10	服务分析	服务分析列表	查看服务被访问次数	实现服务被访问次数查看
11			查看服务被访问详情	实现服务访问详情查看
12			服务搜索	实现按服务访问搜索
13		服务访问统计	自定义日期统计	实现按自定义日期统计
14			按服务类型统计	实现按服务类型统计
15		服务访问可视化	服务访问排行柱状图	实现按服务访问排行柱状图统计
16			服务访问排行折线图	实现按服务访问排行折线图展示
17	应用分析	应用分析列表	查看应用访问服务次数	实现应用访问服务次数查看
18			查看应用访问服务流量	实现应用访问服务流量查看
19			应用调用服务详情	实现应用调用服务详情查看
20		应用访问统计	自定义日期统计	实现按自定义日期统计
21			按服务类型统计	实现按服务类型统计
22		服务访问可视化	应用排行柱状图	实现应用排行柱状图展示
23			应用排行折线图	实现应用排行折线图展示

19. 消息中心模块

消息中心主要实现对用户消息的统一管理和回复。用户可以通过门户平台提供意见，运维人员可以通过运维管理平台进行统一回复，支持通过运维平台对用户进行消息推送。该模块包含用户反馈和消息推送两个功能，见表 5.19 所示。

表 5.19　消息中心模块功能模块设计

序号	功能模块	功能子项	功能点	功能说明
1	用户反馈	反馈记录	列表	实现反馈记录列表展示
2			删除	实现反馈记录删除
3			搜索、筛选	实现反馈记录的搜索和筛选
4		消息回复管理		实现用户反馈信息回复
5	消息推送	消息推送		实现向平台、用户、或角色推送消息
6		消息列表		实现推送消息列表展示

20. 系统配置模块

系统管理模块是对系统模块的配置与管理，采用键-值对的方式实现系统模块的有效配置。系统配置模块功能模块设计提供信息模块配置功能，见表 5.20 所示。

表 5.20　系统配置模块功能模块设计

序号	功能模块	功能子项	功能说明
1	系统配置消息推送	新增配置	实现系统配置信息新增
2		删除配置	实现系统配置信息删除
3		编辑配置	实现系统配置信息编辑

5.3.5　时空大数据综合门户系统

1. 系统概述

时空大数据平台的建设，需要实现数据的采集、存储、管理和计算等，最终面向不同部门、不同层级政府管理和决策提供数据服务、功能服务、模型服务。为了能够有效、合理、统一地面向各类用户提供服务，实现服务的统一提供、科学管理和有效支撑，需要建设一套具有完整体系的综合门户系统。

时空大数据综合门户系统作为整个时空大数据平台的唯一入口，需要能够支持整个平台资源的统一展示、资源统一申请、服务统一支撑、用户统一认证，面向用户提供直接的可视化应用与分析，兼顾平台动态、平台介绍等，具体包括平台首页、系统登录、时空地图、资源服务、应用工具、开发者中心、用户空间、系统管理等 8 个模块。

2. 系统框架

　　时空大数据综合门户系统整合时空大数据平台的入口，直接面向用户提供服务资源，实现平台中数据服务资源、功能服务资源的展示，支持用户在线资源申请。在此基础上，结合平台提供的模型服务、应用工具以及用户资源融合等服务能力，面向用户提供专业的、深度切合其需求的资源服务，如网格绘制、个性化制图以及即席查询、自助报表、时空数据可视化等内容。此外，为了用户更好地使用时空大数据平台提供的各项资源，综合门户平台还提供案例演示、二次开发 SDK 及相关文档等内容。时空大数据综合门户系统框架如图 5.33 所示。

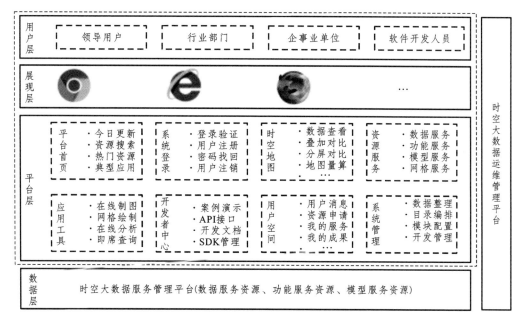

图 5.33　时空大数据综合门户系统框架

3. 功能设计

　　时空大数据综合门户系统的建设是以资源服务为核心，解决用户"看、调、用"三方面的问题。在此基础上，面向用户提供深度定制化的资源服务，二次开发支撑及自有资源的全面融合。时空大数据综合门户系统具体包括平台首页、系统登录、时空地图、资源服务、应用工具、开发者中心、用户空间以及系统管理共 8 个模块。

4. 平台首页

　　平台首页是综合门户平台的入口，实现对平台资源的全文搜索和资源信息查看等功能，具体包括今日更新、资源搜索、热门资源、资源展示和典型应用 5 个模块，见表 5.21 所示。

表 5.21　平台首页功能设计

序号	功能模块	功能子项	功能点	功能说明
1	今日更新	数据服务更新	更新统计	实现对今日更新数据资源数量的统计
2			更新列表	实现对今日更新数据资源列表的展示
3		功能服务更新	更新统计	实现对今日更新功能服务的数量统计
4			更新列表	实现对功能服务更新列表的展示
5		模型服务更新	更新统计	实现对模型服务更新数量的统计
6			更新列表	实现对模型服务更新列表的展示
7	资源搜索	智能搜索	数据搜索	实现对数据资源的快速搜索
8			功能搜索	实现对功能服务资源的快速搜索
9			模型搜索	实现对模型服务资源的快速搜索
10			应用工具搜索	实现对应用工具的搜索
11			结果列表	支持对搜索结果的融合展示
12			结果跳转	支持对搜索结果信息的跳转与查看
13		热搜词	热搜词展示	根据对搜索词的统计分析,实现对热门搜索词的动态展示
14	热门资源	热门资源	热门资源展示	根据对用户查看资源频率的统计,实现对热门资源信息的动态展示
15	资源展示	数据服务展示		平台数据服务资源展示
16		功能服务展示		平台功能服务资源展示
17		模型服务展示		平台模型服务资源展示
18		应用工具展示		平台应用工具展示
19	典型应用	典型应用展示		平台支撑应用案例展示

5. 统一登录模块

统一登录模块主要包括:

(1)登录流程设计。

登录模块按照用户登录类型分为游客登录和平台用户登录两种方式。游客登录模式,用户无须进行注册即可进入信息查看系统相关资源信息。平台用户登录模式,按照用户具体权限可查看并使用平台相关资源。用户登录的具体流程如图 5.34 所示。

(2)系统功能设计。

登录模块作为用户使用平台的入口,在设计过程中应考虑其易操作性、美观性、接口安全性等方面的内容。整体设计采用 Axsure RP8 进行界面原型设计,结合 Photoshop 软件进行界面效果的美化。在功能设计方面,按照传统的用户名密码登录方式确保登录的简单易操作,同时为了用户能够快速地进行平台体验,提供了游客的登录模式。在安全性方面,增加了验证法功能,防止平台账户的恶意、暴力破解,登录模块的功能模设计详见表 5.22。

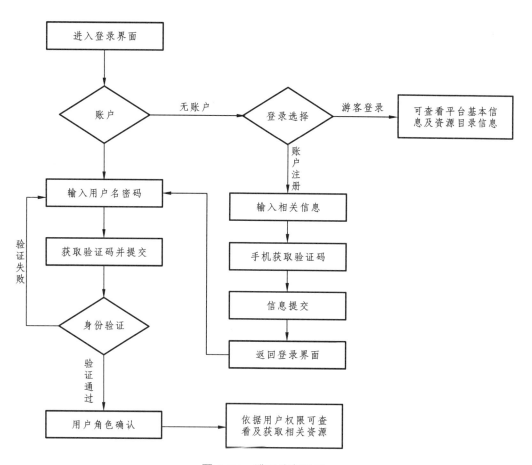

图 5.34　登录流程设计

表 5.22　登录模块功能设计

序号	功能模块	功能子项	功能点	功能说明
1	用户登录	游客模式	游客模式登录	提供游客模式登录界面与验证
2			游客登录统计	实现游客登录的数据统计
3		身份验证	用户密码验证	实现用户登录信息及身份验证
4			验证码验证	实现手机即时验证码验证
5		角色验证	普通用户验证	实现平台普通用户角色验证
6			平台用户验证	实现平台用户角色验证
7			运维管理平台用户验证	实现运维管理平台运维管理角色验证
8			服务管理平台用户验证	实现服务管理平台运维管理角色验证
9			时空转换平台用户验证	实现时空转换平台运维管理角色验证

续表

序号	功能模块	功能子项	功能点	功能说明
10	用户注册	信息录入	注册信息录入	实现用户注册信息的录入
11			动态验证码	实现用户注册时的验证码验证
12	密码找回	用户手机找回		通过手机验证码的方式实现用户密码找回功能
13	用户注销			用户从当前登录状态下注销

6. 时空地图模块

时空地图模块是指对平台提供的数据资源进行展示，面向用户提供数据多样化查询与浏览的子系统。时空地图模块以"看数据"为主要目标，涵盖数据宏观查看、微观查询、空间叠加对比、分屏对比、空间统计、周边查询、地图量算等功能，具体包括资源目录、数据查看、资源搜索、区域切换、图层管理、地图操作以及空间分析等模块。时空地图模块功能设计详见表5.23所示。

表5.23 时空地图模块功能设计

序号	功能模块	功能子项	功能说明
1	资源目录	树状目录展示	展示时空地图的资源目录
2	数据查看	时空地图展示	采用时间序列的形式展示时空地图服务，如时空影像
3		空间地图展示	展示二维平面地图服务
4		结构化数据查看	采用表格的方式展示结构化数据
5		非结构化数据查看	展示非结构化数据
6	资源搜索	数据目录搜索	利用关键字进行资源搜索，支持目录、要素及POI的智能搜索
7		要素搜索	
8		POI搜索	
9	区域切换	行政区划范围切换	快速切换到指定的行政区，展示行政区的相关数据
10	图层管理	图层叠加	多个图层叠加展示
11		图层隐藏	将选中图层进行隐藏
12		图层删除	删除选中的图层
13		透明度调节	对选中的图层进行透明度调节
14		属性表查看	查看选中图层的属性表信息
15	地图操作	分屏对比	分屏浏览，对不同的地图进行对比查看，实现浏览同步
16		地图量测	在线进行面积量测和距离量测
17		查看全图	查看全图范围

续表

序号	功能模块	功能子项	功能说明
18	空间分析	底图切换	切换矢量地图、影像图和渲染图
19		地图打印	其当前屏幕范围的地图进行输出成图片
20		点击查询	通过点击查询选中要素的属性信息
21		空间查询	在地图上查询指定范围内的要素、地名点信息，通过列表展示
22		指北	对当前地图指北操作
23		3D 查看	采用三维白膜的方式展示区域的建筑物信息
24		地图缩放	地图放大、缩小

7. 资源服务模块

资源服务模块的业务流程设计是指资源服务模块总体按照提取资源池目录、资源挂接、综合门户平台发布目录、元数据编辑等流程，最终面向用户提供服务支撑。资源服务模块业务流程如图 5.35 所示。

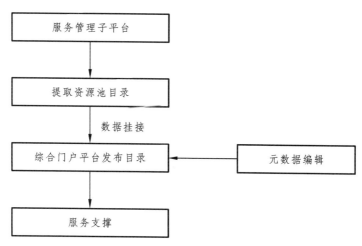

图 5.35　资源服务模块业务流程

资源服务模块功能设计是指资源服务模块通过对接服务管理平台相关接口，结合对服务的有效编排，主要实现时空大数据平台对外服务资源的浏览与展示，指导用户进行资源查询和筛选，对关注的服务进行预览和效果查看。

资源服务模块功能具体包括数据提取及编排、数据服务、功能服务、模型服务、资源申请，其中数据提取及编排可以提取感兴趣数据并进行数据资源归类编排；数据服务提供时空数据的信息查看和预览以及数据资源服务的调用接口及调用方法等；功能服务是对数据管理、分析、挖掘等相关功能进行封装，用户可以查看功能服务的介绍及其相应的演示示例；模型服务是对各类专业模型的封装，形成标准的在线服务接口，支持用户对模型参数的修改与编辑，通过模型服务用户可查看其输入输出参数、调用方式方法以及模型的适用场景等；资源申请为用户提供办理各类服务资源申请的业务流程。在此基础上，用户通过对各类服务的查看与了解，可进一步进行资源服务的申请，支持用户第三方应用的调用，资源服务模块功能详见表 5.24 所示。

表 5.24　资源服务模块功能设计

序号	功能模块	功能子项	功能点	功能说明
1	数据提取及编排	数据筛选	服务类型	用户通过服务类型进行服务筛选，提取感兴趣数据服务
2			覆盖区域	用户通过空间数据覆盖区域进行服务筛选，提取感兴趣数据服务
3			服务权限	用户根据数据的权限属性，包括公开、非公开两种，提取感兴趣的数据服务
4			主题分类	用户通过主题目录进行服务筛选，提取感兴趣数据服务
5	数据服务	目录类别	整合信息资源目录	对各类数据服务按照整合目录的形式进行数据资源归类编排
6			主题信息资源目录	对各类数据服务按照主题目录的形式进行数据资源归类编排
7			基础信息资源目录	对各类数据服务按照基础信息资源目录的形式进行数据资源归类编排
8			服务信息展示	提供对数据服务列表展示
9			按名称排序	对数据服务列表按照名称进行排序
10			按浏览次数排序	对数据服务列表按照浏览次数进行排序
11			按发布时间排序	对数据服务列表按照发布时间进行排序
12		数据详情	元数据信息	提供对数据服务元数据信息的详细查看
13			图层（字段）信息	提供对数据服务图层（字段）信息的详细查看
14			数据预览	提供对数据服务进行地图预览
15			服务接口	对用户有调用权限的数据服务暴露服务调用接口地址，提供调用示例说明
16	功能服务	功能服务列表	功能分类	对各类功能服务进行功能分类，按照目录的形式进行资源归类编排

续表

序号	功能模块	功能子项	功能点	功能说明
17	功能服务	功能服务列表	功能介绍	对选中的功能服务进行详细的功能介绍
18			在线示例	提供对选中的功能服务进行案例演示
19			接口说明	对用户有权限调用的功能服务提供调用接口，介绍调用说明
20			功能查询	通过目录、权限等多种方式实现功能服务的查询
21	模型服务	模型服务列表	模型分类	按照模型应用场景等进行分类，形成分类的模型列表
22			模型介绍	包括模型创建学者、模型应用场景、适用范围、模型输入输出标准等
23			接口说明	模型调用接口说明
24			模型查询	支持按照模型功能、应用领域、模型名称等进行搜索查询
25	资源申请	数据资源申请		为用户提供数据服务资源申请的业务流程
26		功能 API 申请		为用户提供功能服务资源申请的业务流程
27		模型服务申请		为用户提供模型服务资源申请的业务流程

8. 应用工具模块

应用工具模块业务流程设计是指应用工具模块在资源服务模块的基础上，能够快速进行服务调用和数据分析，面向用户提供更加深层次的应用支撑服务，具体包括三方面的内容：

（1）满足用户的个性化需求，如制图功能全面支撑用户的个性化配图需求。

（2）全面支撑用户的业务需求，使得用户无须搭建自己的信息化即可进行数据处理与分析等，如自助报表、即席查询、空间分析等。

（3）提供用户在线可视化的微应用搭建，用户可利用自己应用成果结合实际需求快速搭建一个可视化的应用平台。

应用工具模块以满足用户具体业务需求为目标，在系统设计中采用数据集自定义、可视化结果自定义的模式，按照相应的业务流程设计，各类服务的具体业务流程设计如图 5.36～图 5.38 所示。

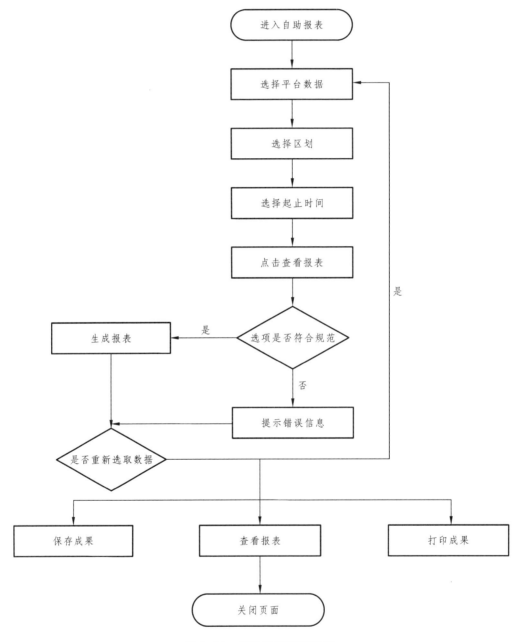

图 5.36   自助报表流程设计

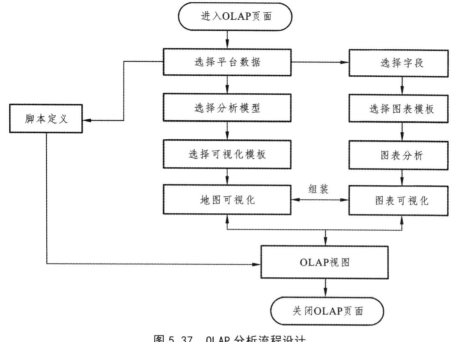

图 5.37　OLAP 分析流程设计

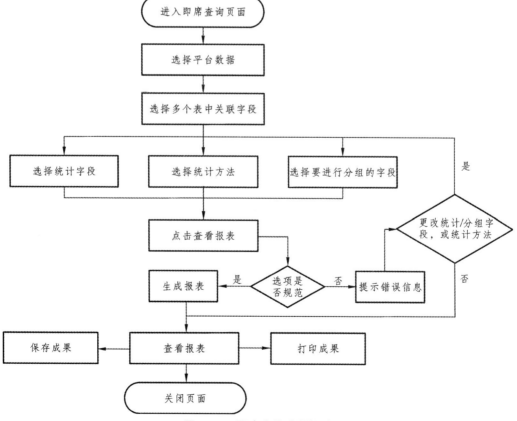

图 5.38　即席查询流程设计

应用工具模块主要包括功能设计、开发者中心模块、用户空间模块,具体内容包括:

（1）功能设计。

应用工具模块是以时空大数据平台中发布的数据服务、功能服务及模型服务为基础,进行在线的统计分析与可视化展示,提升时空大数据的数据价值密度。用户可以直接在应用工具模块进行数据统计、挖掘分析和模型计算,将计算结果反馈给用户,同时支持计算结果的保存、导出及打印等功能。应用工具模块的具体功能设计见表 5.25。

表 5.25　应用工具模块功能设计

序号	功能模块	功能子项	功能点	功能说明
1	制图工具	选择数据	选择平台数据	选择平台提供的数据
2			选择用户数据	选择用户上传的数据
3		在线配图系统配图		通过在线配图工具进行制图操作,支持点、线、面的基础样式配置,将制图成果进行保存
4		自动注册网关		将用户制图成果自动注册到网关
5		发布专属服务		对制图成果发布成用户专属服务,支持外部调用
6	时空可视化	选择数据	选择平台服务	选择平台提供的数据
7			选择用户数据	选择用户上传的数据
8		时空可视化模板	时空动态展示	实现按照时间播放的方式进行动态数据展示
9			四边形网格汇聚展示	按照四边形网格进行数据汇聚,进行可视化,支持动态汇聚
10			六边形网格汇聚展示	按照六边形网格进行数据汇聚,进行数据可视化,支持动态汇聚
11			点聚合展示	对点数据进行空间聚合可视化,支持动态汇聚
12			热力图展示	对当前数据生成热力图并进行可视化展示,支持按时间自动播放
13			飞线图展示	设置起点和终点字段,实现飞线图可视化效果
14			三维立体效果展示	对网格数据和面数据支持三维立体效果可视化展示
15		展示配置	选择字段	选择要进行可视化展示的字段
16			选择色带	选择可视化效果的字段
17			网格半径配置	配置网格汇聚的半径
18			高度配置	配置三维展示的高度
19			地图提示	展示地图

序号	功能模块	功能子项	功能点	功能说明
20	时空可视化	底图切换	切换底图	切换底图效果，支持夜景图等
21			底图图层隐藏	对底图中的某些图层进行隐藏
22		显示数据表	显示数据表格	显示当前数据的属性表
23		地图保存	地图打印	打印当前地图，输出成图片
24			发布服务	将当前可视化效果发布成服务
25			保存我的空间	将可视化效果发布到我的空间
26	自助报表	数据集定义		选择进行自助报表的数据集
27		报表模板定义		选择自助报表的参数，支持多种报表内容统计
28		报表生成		生成报表
29		报表保存		保存报表到我的空间
30		报表导出		导出当前报表
31	即席查询	数据集可视化定义	选择数据集	选择即席查询的数据集
32			属性表展示	对选中的数据进行属性表查看
33			查询字段配置	选择要进行查询统计的字段
34			查询结果可视化模板配置	配置即席查询结果的图表展示方式
35		结果展示		对即席查询的结果进行展示
36		结果保存		对即席查询的结果保存到我的空间
37		结果导出		将结果按表格进行导出
38	空间分析	缓冲区分析	选择待分析数据	根据选中的图层进行按照输入的缓冲距离进行缓冲区分析并生成结果
39			输入缓冲距离	
40			缓冲区分析	
41		网格统计	选择待统计数据	根据选中的图层数据按照一定半径的网格进行统计并生成结果
42			选择格网半径	
43			格网统计	
44		区域统计	选择待统计数据	根据选中的图层数据按照区域（如地块）范围进行并生成结果
45			选择区域数据	
46			选择待统计字段	
47			区域统计	
48		裁剪分析	选择待裁剪数据	按照一定的空间范围对数据进行裁剪，生成裁剪后的数据结果
49			选择裁剪范围	
50			裁剪分析	

续表

序号	功能模块	功能子项	功能点	功能说明
51	空间分析	交集分析	选择叠加数据	对两个图层截取要素相交的部分并保存二者的全部属性
52			提取交集	
53			属性合并	
54		差集分析	选择数据	留取输入数据和裁剪数据不同的部分
55			提取差集	
56		并集分析	选择数据	将两个相交或相互接触的数据进行合并成一个数据
57			数据合并	
58		数据关联	选择数据	通过属性表之间进行字段匹配，为数据增加新的属性
59			选择关联字段	
60			属性表合并	
61		分析结果保存		将空间分析的结果保存到我的空间

（2）开发者中心模块。

开发者中心模块主要针对用户在第三方应用调用时空大数据平台中服务时提供二次开发指南和相关帮助，包括案例演示 1、案例演示 2、开发文档、SDK 等功能模块，见表 5.26 所示。

表 5.26　开发者中心模块功能设计

序号	功能模块	功能子项	功能点	功能说明
1	案例演示 1	在线编辑		用户可以直接编辑案例代码并运行结果
2		在线运行		对于用户直接编辑后的代码实现在线运行，展示运行效果
3		快速入门	地图初始化	提供地图初始化的代码案例功能
4		地图操作	基本操作	提供地图基本操作的案例演示代码
5			选择	提供地图选择的案例演示代码
6			图层样式	提供图层样式编辑的案例演示代码
7			图层叠加	提供图层叠加的案例演示代码
8	案例演示 2	绘制	点绘制	提供点绘制的案例演示代码
9			线绘制	提供线绘制的案例演示代码
10			面绘制	提供面绘制的案例演示代码

序号	功能模块	功能子项	功能点	功能说明
11	案例演示2	可视化	动画	提供动画制作与演示的案例演示代码
12			热力图	提供热力图展示的案例演示代码
13			聚合	提供空间聚合分析的案例演示代码
14		OGC 服务加载	加载 wms	提供加载 wms 服务的案例演示代码
15			加载 wmts	提供加载 wmts 服务的案例演示代码
16	开发文档	文档版本管理		实现开发文档版本化管理
17		文档编辑		实现开发文档的在线编辑修改
18		文档目录		实现文档目录结构展示与快速跳转
19		文档查询		实现文档关键字查询
20		文档发布		对开发者文档进行上传并对外发布
21	SDK	SDK 上传		实现 SDK 的在线上传功能
22		SDK 管理	分类管理	实现 SDK 不同客户端的分类管理
23			版本查看	实现 SDK 版本管理及版本查看
24			版本日志管理	实现 SDK 的版本日志查看
25		SDK 发布		实现 SDK 上传后对外发布，发布后用户可以进行下载操作
26		SDK 下载		实现 SDK 的在线下载功能

（3）用户空间模块。

用户空间模块主要是对用户个人信息的管理，打造用户的专属空间，实现用户的数据、成果、服务等一体化管理，同时可以与平台管理员进行交流，反馈相关意见等，详见表5.27所示。

表5.27 用户空间模块功能模块设计

序号	功能模块	功能点	功能说明
1	个人信息	用户信息展示	用户个人信息的展示，如姓名、电话等
2		用户信息编辑	用户可以对个人信息进行编辑
3		密码重置	用户的密码进行修改和重置
4	消息中心	收件箱	接收平台反馈的消息
5		已发送	对平台服务进行意见反馈

续表

序号	功能模块	功能点	功能说明
6	我的空间	心愿单（用户数据需求、功能需求）	展示用户感兴趣的数据服务和功能服务
7		申请记录（数据服务、功能服务申请）	展示用户申请数据服务和功能服务的申请记录
8		数据（用户上传数据）	展示用户自己上传的数据
9		成果（通过平台可视化创建的成果）	展示用户通过可视化应用进行分析后的成果
10		应用（用户注册的应用）	展示用户注册的应用信息
11		服务（用户申请的服务）	展示用户申请的服务信息，包括数据服务和功能服务

9. 系统管理模块

系统管理模块是对平台展示、发布目录、平台动态、平台案例等方面的全面管理支撑。支持对服务资源目录与服务管理平台数据的映射及元数据信息的编辑；支持对平台案例的上传、编辑及管理等。系统管理模块功能设计详见表 5.28 所示。

表 5.28　系统管理模块功能设计

序号	功能模块	功能点	功能说明
1	数据整理	服务列表	平台数据资源目录的整理与管理
2		服务查询	实现平台服务资源的查询
3		服务数据同步	支持与服务管理平台的服务资源同步更新
4	目录管理	目录新增	支持服务资源目录的添加
5		目录删除	支持服务资源目录的删除
6		显、隐展示	支持服务资源目录的显示和隐藏
7		服务挂载	支持门户平台与服务管理平台服务数据的映射与挂载
8		服务查询	支持服务发布目录信息的查询
9	开发管理	平台切换	平台 SDK 信息的切换及查看
10		新增版本	支持对升级版本 SDK 的上传、发布及元数据信息编辑
11		开发接口编辑	支持对现有开发接口的编辑
12		开发接口删除	支持对失效开发接口的删除
13	典型应用管理	应用新增	支持对平台典型应用的添加，包括应用名称、应用地址、应用案例说明等信息的编辑
14		应用编辑	支持对平台典型应用信息的修改
15		应用删除	支持对平台典型应用信息的删除

5.3.6　移动 GIS 云管理系统

1. 系统概述

移动 GIS 云管理系统结合项目运行的实际需求和用户具体要求，采用云计算、大数据等技术，按照 B/S 结构开展系统建设，实现数据资源的集中管理、用户的统一管理、系统的全面集成、推送的有效应用，从而降低运维成本，减少软硬件资源开销，提升系统服务能力，提高服务质量，推动应用系统的长期稳定运行。

2. 架构设计

移动 GIS 云管理系统的总体架构是项目的基础框架，基于总体架构来设计和实施项目工程，保障工程实施方向的正确，以及适应未来通信技术、网络技术、应用技术和安全保障技术的发展变化。

根据前期需求调研和分析成果，系统采用 SOA 的架构和分层思想进行设计，通过对系统功能分析，抽象相应的功能组件，在这些功能组件的基础上搭建系统相应的应用功能，从而使系统的层次清晰、结构灵活，可以有效地提高系统的可扩展性与可维护性。

根据 SOA 结构思想，系统拟采用灵活的多层体系结构，即基础设施层、数据层、业务层、应用层和用户层，如图 5.39 所示。

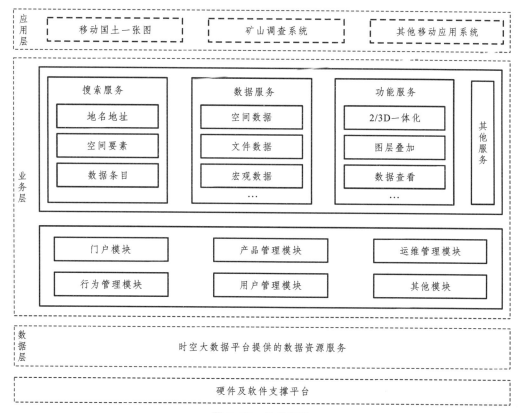

图 5.39　总体架构

移动 GIS 云管理系统的总体架构主要包括：

（1）硬件及软件支撑平台为云系统的硬件和软件提供了支撑，主要包括服务器设备、网络设备、存储设备以及相应的操作系统、数据库系统、GIS 软件平台等。

（2）数据层主要为时空大数据服务平台提供的各类数据，通过服务地址挂接的方式进入移动 GIS 云管理平台。

（3）业务层主要为平台相关的功能提供业务能力支撑，集成了门户子系统、产品管理子系统、运维管理子系统、用户管理模块、行为管理子系统以及推送平台等，在此基础上实现了对客户端应用系统的数据、功能、用户的集中管理和权限配置，全面支撑应用层各系统。

（4）应用层是指根据用户需求定制的基于移动应用系统衍生的各个子系统，根据权限配置，面向不同用户提供其所需的个性化服务。

3．功能设计

移动集成云平台将采用装配式应用创建的理念，按照"1+N"的模式，即"一个云平台"+"多个虚拟应用"的架构设计建设。通过一个云平台实现对所有移动应用系统的功能、数据、用户等进行统一的管理、统一更新和统一配置。实现"0 开发"工作的情况下，通过界面化的配置即可快速按需形成一个个性化的移动 APP 系统。移动集成云平台主要包括系统展示模块、产品管理模块、用户管理模块、资源管理模块、行为管理模块、运维管理模块、推送平台等。

4．系统展示模块

系统展示模块是进入系统的入口，由首页、系统运行状况、应用案例展示、帮助与反馈四大模块组成。首页主要是对平台的基本情况和基本特点进行介绍并提供平台应用案例概览和 App 下载安装指南。系统运行状况提供了系统主要统计指标、系统访问动态展示、区县访问统计、客户端分类统计、系统巡检。应用案例展示主要是对系统应用的经典案例进行分类展示。帮助与反馈主要是对平台的使用进行说明并提供技术支持入口，见表 5.29 所示。

表 5.29　门户模块功能设计

编号	功能模块	功能子项
1	首页	系统基本情况
2		系统特点介绍
3		系统应用示范概览
4		App 下载安装
5	系统运行状况	主要指标统计
6		系统访问动态
7		区县访问统计

续表

编号	功能模块	功能子项
8	系统运行状况	客户端分类统计
9		系统巡检
10	应用案例展示	
11	帮助与反馈	系统使用说明
12		技术支持

5. 产品管理模块

产品管理子模块由应用系统查看、应用系统创建、应用系统删除、应用系统管理四大模块组成。应用系统查看模块实现应用系统概况展示、应用系统搜索、应用系统筛选以及应用系统入口。应用系统创建模块实现应用系统新建、应用系统基本信息编辑、应用系统欢迎页配置、应用系统数据授权、应用系统功能授权、应用系统地图授权、应用系统字段授权。应用系统删除模块是指删除已经创建的应用系统。应用系统管理模块实现资源目录查看、发布目录管理、专题目录管理、用户配置管理、角色配置管理、短信管理、推送管理、用户访问统计、数据访问统计。

通过对应用系统的创建与授权得到一个共享系统资源的独立应用系统，见表 5.30 所示。

表 5.30 产品管理模块功能设计

编号	功能模块	功能子项
1	应用系统查看	应用系统概况
2		应用系统搜索
3		应用系统筛选
4		应用系统入口
5	应用系统创建	应用系统新建
6		应用系统基本信息编辑
7		应用系统欢迎页配置
8		应用系统数据授权
9		应用系统功能授权
10		应用系统地图授权
11		应用系统字段授权
12	应用系统删除	
13	应用系统管理	资源目录查看
14		发布目录管理

续表

编号	功能模块	功能子项
15	应用系统管理	专题目录管理
16		用户配置管理
17		角色配置管理
18		短信管理
19		推送管理
20		用户访问统计
21		数据访问统计

6. 用户管理模块

用户管理模块包含用户管理、部门管理和管理员管理三大模块。用户管理主要实现对新老用户的管理，如用户列表、用户新增、用户搜索、用户筛选等。部门管理主要实现对平台所服务部门的管理，包括部门列表、部门筛选、部门新增等。管理员管理主要实现平台所服务部门的管理员进行管理，包括管理员列表展示、管理员筛选、管理员新增等。用户管理模块功能设计详见表 5.31 所示。

表 5.31　用户管理模块功能设计

编号	功能模块	功能子项
1	用户管理	用户列表
2		用户新增
3		用户搜索
4		用户筛选
5		用户编辑
6		用户子系统授权
7		用户删除
8		用户批量导入
9		用户批量导出
10	部门管理	部门列表
11		部门筛选
12		部门新增
13		部门编辑
14		部门批量导入

续表

编号	功能模块	功能子项
15		管理员列表
16		管理员筛选
17	管理员管理	管理员新增
18		管理员编辑
19		管理员授权
20		管理员删除

7. 资源管理模块

资源管理模块采用中心化的思想进行设计，所有数据均属于整个平台的数据资源池，以此为依托打造移动应用集成服务云平台的数据生态圈。通过权限管理将数据资源分配给应用系统。应用系统可通过重新组织数据发布目录、专题目录等实现数据资源的个性化需求。相较于传统应用系统的独立数据体系，在应用系统数量巨大的情况下，数据资源管理实现一份数据多次复用，数据运维效率大大提高。

数据资源管理模块主要实现对各类资源的管理，包括数据类型配置、资源目录管理、720 资源管理、图片资源管理、文件资源管理、区划数据管理等。搜索资源管理主要实现搜索配置和搜索词库的管理，包括周边热搜配置管理、搜索词库管理、热搜词库配置。资源管理模块详见表 5.32 所示。

表 5.32　资源管理模块功能设计

编号	功能模块	功能子项
1		数据类型配置
2		资源目录管理
3		720 资源管理
4		图片资源管理
5		文件资源管理
6		区划数据管理
7	数据资源管理	区域指标管理
8		数据指标管理
9		地图配置
10		区域文本管理
11		专题类型配置
12		统计配置

编号	功能模块	功能子项
13	数据资源管理	中英文对照管理
14		宏观数据管理
15		区域概况管理
16		功能配置
17	搜索资源管理	周边热搜配置管理
18		搜索词库管理
19		热搜词库配置

8. 行为管理模块

行为管理模块实现日志的搜集、存储和统计分析等功能，所有行为日志都会实时存入日志服务器，建立统一的规范和管理标准。行为管理模块可分为用户访问、数据访问、搜索访问三大模块。用户访问模块主要实现按不同的分类方式对用户的访问进行统计，包括按时间统计、按用户统计、按部门统计等；数据访问主要实现按不同的分类方式对数据的访问进行统计，包括按时间统计、按数据统计、按用户统计等；搜索访问主要实现按不同的分类方式对搜索的方式进行统计，包括按时间统计、按用户统计、按部门统计等。行为管理模块的功能设计详见表 5.33 所示。

表 5.33　行为管理模块功能设计

编号	功能模块	功能子项
1	用户访问	按时间统计
2		按用户统计
3		按部门统计
4		按系统统计
5		按软件版本统计
6		按区域统计
7		日志搜索
8	数据访问	按时间统计
9		按数据统计
10		按用户统计
11		按部门统计
12		按区县统计
13		日志搜索

续表

编号	功能模块	功能子项
14		按时间统计
15		按用户统计
16	搜索访问	按部门统计
17		按区县统计
18		按关键词统计
19		日志搜索

9. 运维管理模块

运维管理模块是为了解决模块间的相互独立性，减少各模块之间的相互依赖，使其能单独运行，便于维护，利于以后的扩充，做到其他模块的高内聚、低耦合。运维管理模块包含系统巡检、系统配置管理、系统日志管理、系统推送管理、系统短信管理等，详见表 5.34 所示。

表 5.34　运维模块功能设计

编号	功能模块	功能子项
1		服务注册
2	系统巡检	服务巡检
3		错误预警
4	系统配置管理	配置展示
5		新增配置
6	系统日志管理	日志展示
7		日志删除
8		单个用户推送
9	系统推送管理	分系统推送
10		按用户组推送
11		单个用户发送短信
12	系统短信发送	分系统发送短信
13		按用户组发送短信
14	系统联系人管理	系统联系人展示
15		新增系统联系人
16	技术支持管理	技术支持展示
17		新增技术支持
18		历史版本展示
19	版本管理	新增软件版本
20		删除软件版本

10. 推送平台建设

推送平台建设要为各业务系统提供推送服务接入，业务系统将消息发送至推送平台，推送平台接收到消息并推送给客户端。推送平台将 Android 推送和 iOS 推送集成于一体，主要包括平台登录、应用管理、推送管理、推送日志，详见表 5.35 所示。

表 5.35　推送平台功能设计

编号	功能模块	功能子项
1	平台登录	
2	应用管理	应用新增
3		应用详情
4		应用编辑
5		应用列表
6	推送管理	iOS 推送
7		Android 推送
8	推送日志	iOS 推送日志
9		Android 推送日志

5.4　应用系统

时空大数据平台作为智慧系统重要的基础设施之一，其建设重要的出发点是以应用需求为导向，推动市规划和自然资源局内部以及全市各行业部门广泛使用平台成果。通过统一的服务平台，减少全市在时空大数据方面的重复投资，提升财政资金的使用效率。因此，加强对智慧时空大数据平台建设成果的宣传和推广，针对政府领导、行业主管部门、应用部门组织召开不同的宣传推广活动，构建良好的应用体系也是平台建设的重要工作之一。

根据项目建设的总体目标及国家相关要求，结合市实际情况，本期项目建设的应用系统主要包括面向政府决策应用的综合市情系统和面向部门管理应用的国土空间规划一张图系统、智能审批系统及自贸区三维规划系统。

5.4.1　综合市情系统

1. 设计思路

时空大数据平台的建设实现了数据、业务等方面的整合，是智慧城市建设的基础平台，其目的是面向政府决策、部门管理及公众应用提供全面、可靠的服务支撑。综合市情系统将依托时空大数据平台的建设成果，基于移动终端面向政府决策提供支撑服务。

本系统的设计思路可以概括为"以时空大数据平台为依托，以数据资源为核心，以辅助领导决策为目标"，按照需求分析、框架搭建、系统建设、服务支撑的顺序开展项目设计工作，具体内容主要包括：

（1）以时空大数据平台为依托。

时空大数据平台的建设将形成涵盖各行业数据资源及业务服务成果，是智慧城市建设的基础平台，其价值的发挥将在业务系统的建设中得以体现。本着集约化建设、体现时空大数据平台价值、有效支撑领导决策的原则，综合市情系统的建设将以时空大数据平台建设成果为依托，开展系统建设工作。

（2）以数据资源为核心。

数据资源是辅助决策工作的基础，系统以空间为载体、以时间为纽带，把市各个部门的信息资源通过在统一的移动应用平台，实现基础地理、自然资源、空间规划、经济社会、城市运行等数据的宏观展示、微观查询和叠加对比，面向领导决策提供不同方式的数据查询、统计与分析服务。

（3）以辅助领导决策为目标。

数据的查询、展示与分析是提高数据价值、提升服务能力、提高服务质量的手段，而其最终目标是能够为领导决策提供准确、有效的辅助决策支撑服务。

2. 建设目标

综合市情系统建设将依托时空大数据平台的建设成果，采用移动互联网 5G 技术、大数据分析技术、移动 GIS 技术等构建集基础地理、地表自然和人文要素、经济社会、空间规划以及城市运营等于一体的一张图移动展示平台，实现空间图层叠加对比、指标对比分析、空间分类统计、二维和三维一体化、全要素查询、智能化搜索以及信息推送等功能。面向领导决策提供随时随地的数据查询与统计分析服务，提高领导决策水平，推动城市科学规划与发展。

3. 总体框架设计

综合市情系统总体依托时空大数据平台建设形成的硬件环境作为基础环境支撑，通过时空大数据平台建设的数据服务资源、功能服务资源及移动集成云管理系统作为数据和管理支撑，采用其相应的 SDK 进行开发。系统总体按照 SOA 的架构和分层设计思想，通过对系统功能的分析，抽象相应的功能组件，在此基础上搭建系统服务。综合市情系统支持在安卓手机、安卓平板、鸿蒙手机、鸿蒙平台及 iPhone、iPad 等终端上面运行。综合市情系统总体框架详见图 5.40。

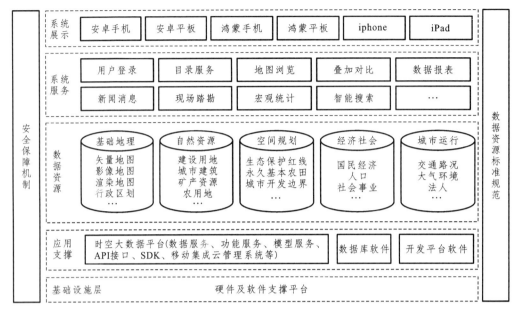

图 5.40　综合市情系统总体框架

4. 功能设计

综合市情系统总体按照两期分步推进。首先基于安卓手机端完成用户登录、服务目录、地图浏览、叠加对比分析、数据报表、新闻消息、智能搜索及用户中心等功能模块，移动端应用系统功能设计详见表 5.36。

表 5.36　移动端应用系统功能设计

功能模块	功能项	功能描述
用户登录	用户登录	第一次使用该系统时，用户必须联网登录系统，以后用户每次激活系统时，将对本地的用户名及密码进行验证
	用户权限	根据登录用户，分配不同功能权限
服务目录	专题目录	经济社会等数据
	数据列表	支持按照专题分类，即根据信息本身的主题进行查询展示，如自然资源、各类规划、城市运行、经济发展等
	区域目录	展示市、区县、镇街乡、社区村目录层级。定位行政区划位置，查看行政区划概况
地图浏览	地图切换	支持多种底图的切换，包括矢量地图、影像地图、云渲地图等
	地图操作	地图基本放大、缩小、移动、3D 展示等操作
	要素属性查询	点击地图要素，查看要素相关属性信息
	底图缓存	对于浏览过的底图进行本地缓存，再次进入系统时不需要通过网络获取浏览过的底图数据

续表

功能模块	功能项	功能描述
数据展示	专题图叠加	提供对地图数据的叠加显示
	宏观指标数据	展示行政区划指标数据，如 GDP、固定资产投资
	文件资源浏览	提供对非地图数据的文件资源浏览
	详细信息查看	提供对已叠加到地图上的数据的详细信息查看
	图例展示	是对地图上所有叠加数据符号的说明，实现了对叠加图层的透明度设置、图层显示/隐藏等功能
	透明度设置	设置叠加图层数据透明度
智能搜索	要素搜索	提供在搜索栏中输入任意空间要素名称，快速检索要素信息，定位其空间范围
	行政区划搜索	支持任意行政区划空间范围及综合信息的快速搜索与查询，支持行政区划名称+搜索关键词的方式进行区域相关信息展示，如人口、经济等
	地名搜索	提供在搜索栏中输入关键字，快速检索和定位相关地名地址
统计报表	宏观信息统计	支持按行政区划进行宏观信息查询与统计展示，支持按时间序列、按区域等进行对比展
	空间范围统计	支持按任意空间范围或指定行政区域进行空间要素统计及列表展示
个人中心	我的消息	主要展示服务器上面新增或修改的数据列表，通过内容更新可以批量下载更新的内容
	清除缓存	当地图、数据有新更新时，地图数据显示不正常，可以使用该项功能
	版本信息	当前软件版本的相关信息
	意见反馈	用户通过意见反馈模块可以提交有关软件使用过程中的意见或者建议
	使用说明	为用户提供使用向导，让用户能够了解使用该软件
	联系我们	为用户提供联系软件技术支持的联系方式

5. 用户登录

系统提供统一登录界面，实现一站式登录与应用。按照用户的权限不同，展示不同的功能模块。用户初次使用该系统需要基础数据下载和账户验证，之后在没有进行密码重置的情况下客户端默认不再需要用户登录，而是在移动应用管理系统进行自动登录和信息验证。

6. 服务目录

服务目录部分包括数据目录、区域目录、专题数据列表。数据目录按照专题分类，即根据信息本身的主题进行查询展示，如地表数据、各类规划、社会经济、城市运行等。

7. 地图浏览

地图浏览功能支持二三维地图浏览，支持在矢量图、影像图、地形图之间的切换，进行常规的操作如提供放大、缩小、移屏等地图的基本操作。对于浏览过的底图进行本地缓存，再次进入系统时不需要通过网络获取浏览过的底图数据。

8. 数据展示

系统支持空间数据和非空间数据展示。空间数据包括矢量数据服务等数据类型；非空间数据包括 pdf、png、在线 html、离线 html、doc、docx、excel 等数据类型。系统数据展示具体包括专题图叠加、图层控制、文件资源浏览、宏观信息查看、详细信息查看、要素搜索等功能。

9. 智能搜索

智能搜索采用组合搜索、关键字搜索、模糊搜索等方式，实现系统中的数据、要素、图层以及宏观信息的搜索与查询。同时，支持周边信息的快速查询与检索。

10. 个人中心

个人中心实现是该系统的一个辅助功能，包括了我的消息、软件更新、意见反馈、使用说明、联系我们以及清除缓存等功能。我的消息主要展示系统消息推送数据列表，通过我的消息可以查看系统最新消息，包括版本更新，数据更新等内容；版本更新用于对系统软件的迭代更新；意见反馈主要用来反馈用户在使用系统过程中的意见及建议，查看系统管理员的消息回复；清除缓存模块主要用户提供清除本地缓存数据，释放设备存储空间。

5.4.2 国土空间规划一张图系统

1. 设计思路

依托时空大数据平台，整合市国土空间现状数据、规划数据、管理数据以及社会经济运行数据，由时空大数据平台提供统一标准化的基础地理服务、数据服务、功能服务、模型服务等，开展具有资源浏览、专题图制作、对比分析、评价分析等功能的国土空间规划一张图系统开发，面向国土空间规划业务提供支撑服务。

2. 建设目标

依据 2019 年 7 月自然资源部办公厅《关于开展国土空间规划"一张图"建设和现状评估工作的通知》（自然资办发〔2019〕38 号）和《国土空间规划"一张图"建设指南》（试行）等文件，借鉴其他省市优秀经验，结合市地区发展特色，依托市时空大数据平台，以第三次全国国土调查成果为基础，整合国土空间规划编制所需的各类空间关联数据，形成坐标一致、边界吻合、上下贯通的一张底图，作为国土空间规划编制的工作基础。以一张底图为基础，整合叠加市县国土空间规划成果，实现各类空间管控要素精准落地，形成覆盖全市、动态更新、权威统一的全市国土空间规划"一张图"，为统一国土空间用途管制、强化规划实施监督提供法定依据。

3. 总体架构设计

国土空间规划一张图系统的总体架构设计如图 5.41 所示，主要包括：

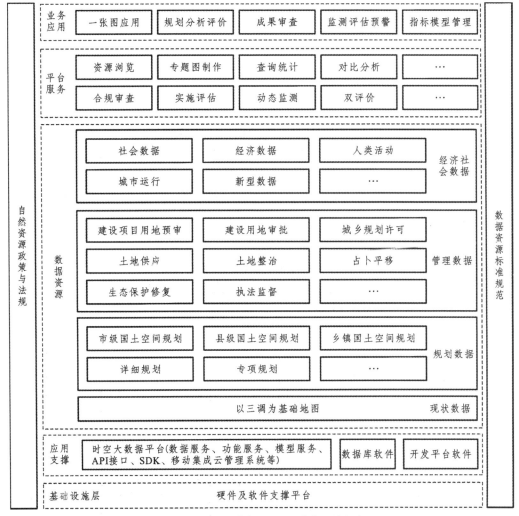

图 5.41　国土空间一张图系统总体框架

（1）基础设施层。

基础设施层依托云提供的基础设施层进行建设。

（2）应用支撑层。

应用支撑层以时空大数据平台提供的数据服务、功能服务、模型服务、二次开发接口为基础，结合必要的数据库软件、开发平台软件等进行构建。

（3）数据资源层。

数据资源层依托时空大数据平台提供的数据服务，汇聚整合国土空间现状数据、规划数据、管理数据以及各行业部门的经济社会数据，构建国土空间规划大数据体系，形成国土空间规划大数据资源池。

（4）平台服务层。

平台服务层为上层系统及业务提供各类服务支撑，包括资源浏览服务、专题图制作服务、查询统计服务、对比分析服务、双评价服务、数据质检服务、项目合规性审查服务、规划实施评估服务、动态监测服务等。

（5）业务应用层。

业务应用层通过应用层面向用户提供项目选址、国土空间评价、用地审批、三线划定等服务支撑。

4. 系统功能设计

按照自然资源部要求，国土空间规划一张图建设在原有信息系统工作的基础上，以实现数据资源管理的浏览、对比分析、查询统计、制图数据生成等基本功能为优先，建立系统必要的安全保护措施和运行维护机制等基本功能，推动业务开展的原则。国土空间规划一张图系统建设按照两期分步建设。一期主要实现一张图应用功能建设，具体包括资源浏览、专题图制作、对比分析、查询统计等功能模块，详见图 5.42 所示。国土空间规划"一张图"应用系统设计框架主要包括：

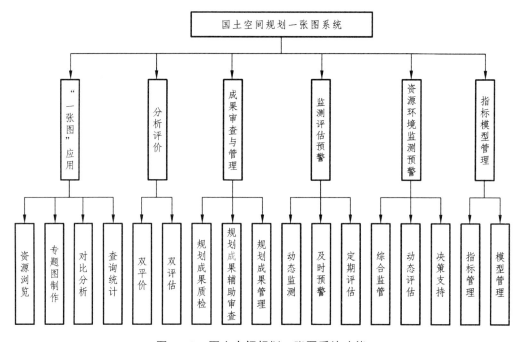

图 5.42   国土空间规划一张图系统功能

（1）资源浏览。

资源浏览提供基础的数据浏览和地图操作功能，支持将各类资源按照规划数据资源目录进行梳理，在展示系统中进行叠加展示与基础的查询定位，以满足多源数据的集成浏览展示与查询应用需求。

（2）专题图制作。

专题图制作以专题应用为导向，通过数据选取、数据组织、数据展现、数据导出等步骤实现专题图制作输出，专题制作流程可模板化定制并记录任务日志，以适应不同场景和多次使用需求。

（3）对比分析。

对比分析采用叠加分析等手段，查看国土空间规划内部数据的关联情况，以及规划数据和建设项目数据之间的关联情况。

（4）查询统计。

查询统计提供属性筛选、空间筛选等查询方式获得图属一体查询结果，对查询结果可按维度进行分类统计并输出统计结果。

5.4.3　智能审批系统

1. 设计思路

智能审批系统依托时空大数据平台建设的成果，按照"简化、共享、高效"的总体思想，充分考虑"多审合一"等各项改革目标要求，在企业级 SOA 架构支撑卜，通过业务流程+集群管理技术，建设可复用的数字化资产，采用"统分统"审批办理模式，实现各业务窗口统一受理、后台并联同步办理、实施流转、统一发件、跟踪督办的图文一体化审批应用。

2. 建设目标

智能审批系统通过建立相关支持业务一体化的审批系统，有利于市规划和自然资源局进一步推进机构改革进程和深度，加速政务智能转变，深化落实"放管服"改革要求，打造业务管理新模式、构筑事项审批新生态，强化服务能力输出，推动信息化的创新与赋能，提升自然资源部门的政务服务能力。

3. 总体架构设计

智能审批系统的总体框架主要包括：

（1）基础设施层。

基础设施层依托云提供的基础设施层进行建设。

（2）应用支撑层。

应用支撑层以时空大数据平台提供的数据服务、功能服务、模型服务、二次开发接口为基础，结合必要的数据库软件、开发平台软件等进行构建。

（3）数据资源层。

数据资源层依托时空大数据平台提供的数据服务，汇聚整合空间数、管理数据，形成业务管理数据资源池。

（4）平台服务层。

平台服务层为上层系统及业务提供各类服务支撑，包括表单填报服务、业务受理审批服务、附件管理服务、统计分析服务、进度查询服务、业务审核服务等。

（5）业务应用层。

业务应用层通过应用层面向用户提业务表单填报、业务受理审批、进度查询、审批结果公示、自定义流程等服务支撑。

4. 系统功能设计

智能审批系统功能架构如图 5.43 所示。

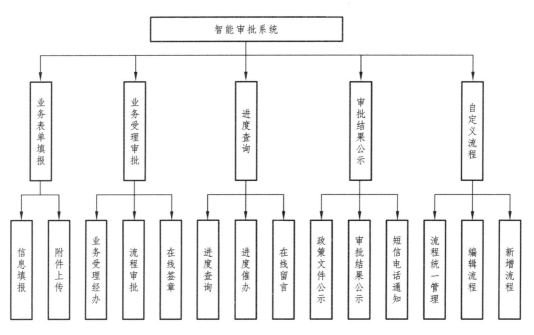

图 5.43　智能审批系统功能架构

按照"一类事项一个部门统筹、一个阶段同类事项整合"的原则，合并审批事项，优化审批流程，简化申请材料，在信息平台支撑下实现同步审批、便捷审批、智能审批。对涉及的业务流程审批事项，进行"全目录、全流程"的梳理。

5. 业务表单填报与登记

规范不同部门、不同业务的信息填报表单与流程，简化成包含申请表、指标表、审批表的一套规范表单。分类指出需要提交的附件，提供附件的上传、预览、下载等管理功能。

系统提供统一的表单填报入口，提供相关模板和相关提示，让用户在填报时"一看就明白"。信息填报后，根据预定义的业务工作流，系统自动将填报信息及相关附件提交至指定的部门和人员。

6. 业务受理审批

业务采用综合受理、一次收件的原则，将审批事项清单化、标准化，实行各业务的综合受理，打通各部门之间的信息孤岛，实现互联互通。支持相关部门和科室对提交的业务进行审批如同意、挂起、回退、中止等操作，填写相关意见。在办理和审批业务的过程中，实现业务的特点主要包括：

（1）内部透明。

接件后，通过平台将项目案卷同步提交派送至所办业务事项对应的办公室进行审批办理流程。在初审、审核、审定、整理等内部审批过程中，业务信息、材料附件实时共享。

（2）图属交互。

通过文本与图形、附件联动，在线对相关业务的文本信息、空间位置、附件材料等进行关联查询，支持图、文交互查询，附件在线调阅。

（3）在线审批。

在业务办理过程中，可以直接从系统中调用办公软件，在线对需要编辑的表单、文书的内容进行调整，支持文件在线打印，为办公提供便利，同时保证所出具的内容无误。另外系统实现一键在线加盖电子签章，为相关领导在审批中提供便利，有效提高工作效率，加快审批流程运转。

7. 业务办理进度查询

按照"公开为常态，不公开为例外"原则推进政务公开，让政务信息看得见、用得上、可监督。业务受理审批全过程进行公开化、透明化，主要包括：

（1）进度查询。

业务办理人员可以在线进行进度查询，查询业务审批进度、审批结果。

（2）进度催办。

对于迟迟没有审批进度的流程，可以进行在线催办、询问原因等。让政务信息看得见、用得上、可监督。

8. 审批信息公开公示

对于政策性文件，各科室及下属事业单位应当及时准确地公布政务信息公开事项的相关信息，便于服务对象以及社会公众能够迅速、准确地了解本局政务信息公开事项。对于业务办理审批情况，对可以公开的，需要结合线上线下及时公开告知。审批信息公开公示的方式主要包括：

（1）在线公示。

将审批结果进行规范化，对不涉及私密信息的及时公开公示，对涉及私密信息的按照权限等公开公示，公示内容包括最终审批结果、过程审批意见等。

（2）线下告知。

通过电话、短信等方式及时告知相关人员。

9. 流程自定义配置

流程自定义配置主要包括：

（1）工作流统一管理。

整合不同部门、不同科室、不同业务的业务流，采用工作流引擎技术对不同工作流进行统一管理。

（2）自定义工作流。

采用工作流引起技术支持自定义工作流，对于需要进行修改和新的业务可以快速生成一条工作流业务线。

5.4.4 三维规划系统

1. 设计思路

依托时空大数据平台三维建设成果，整合市、自贸区现状数据、规划数据，由时空大数据平台提供统一标准化的三维服务、地图服务、数据服务等，开展具有三维资源浏览、规划设计、规划查询、规划分析等功能的自贸区三维规划系统开发。面向自贸区规划业务提供支撑服务。

2. 设计目标

依托市时空大数据平台，在自贸区已有数据的基础上，建设自贸区三维场景模型，整合各类空间关联数据，形成坐标一致、边界吻合、上下贯通的数据体系，作为自贸区规划设计工作基础。实现各类空间管控要素精准落地，建设覆盖全市、动态更新、权威统一的三维规划系统。

3. 总体架构

三维规划系统的总体框架如图 5.44 所示，主要包括：

（1）基础设施层。

基础设施层依托云提供的基础设施层建设。

（2）应用支撑层。

应用支撑层以时空大数据平台提供的数据服务、功能服务、模型服务、二次开发接口为基础，结合必要的数据库软件、开发平台软件等进行构建。

（3）数据资源层。

数据资源层依托时空大数据平台提供的数据服务，汇聚整合三维数据、现状数据、规划数据，构建国土空间规划大数据体系，形成规划大数据资源池。

（4）平台服务层。

平台服务层为上层系统及业务提供各类服务支撑，包括数据接口服务、功能接口服务等。

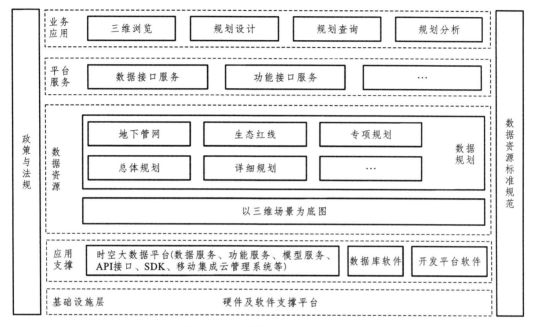

图 5.44 三维规划系统总体框架

（5）业务应用层。

业务应用层通过应用层面向用户提供三维资源浏览、规划设计、规划查询、规划分析等服务支撑。

4. 系统功能设计

三维资源浏览实现自贸区三维场景的查看，包括自贸区三维场景展示、三维规划展示、三维规划发布等功能，主要内容包括：

（1）三维场景展示。

三维场景展示依托于自贸区现状倾斜摄影三维场景数据，实现自贸区多角度的自由展示，帮助规划设计从业人员更加全面了解自贸区全貌。

（2）三维规划展示。

三维规划展示依托于自贸区现状倾斜摄影三维场景数据，将规划建成后的模型置于场景中，实现规划与现实的融合、对比。

（3）三维规划发布。

三维规划发布可将三维场景与规划模型融合后发布至互联网，让自贸区内各行业从业人员、公众可以通过网络进行查看预览，提出意见或建议，增加非规划行业从业者的参与度。

（4）规划设计。

规划设计是将规划的三维模型导入到现状三维场景，实时调整相关三维规划参数，进行规划项目的辅助设计，可以更好地对园区轮廓线、空间布局等进行设计，提高设计质量和进度，减少设计缺陷。

（5）规划查询。

规划查询是将二维规划数据和三维场景进行结合，实现总规、详规等二维规划数据与三维场景的叠加，实现规划设施、规划地块的属性查询，辅助规划设计人员进行三维规划设计。

（6）规划分析。

规划分析是结合已有的规划数据，对规划成果的合理性进行大数据分析的过程，包括拟真分析、冲突分析等，主要包括：

① 拟真分析。

通过三维引擎的拟真特性，构造模仿真实情况进行日照分析、视通分析、天际线分析等。

② 冲突分析。

利用规划成果数据库获取相关指标，与控规、生态红线等数据进行叠加分析，查看规划成果与相关规划数据是否冲突。

5.5　支撑环境

时空大数据平台作为自然资源部门的基础性服务平台，将涵盖自然资源、空间规划等重要数据。因此，确保平台网络安全是平台建设的重中之重。

项目建设在网络设计、软硬件选型上将重点考虑该问题，以国产化或开源系统为优先，开展软硬件选型及设计。

5.5.1　网络系统设计

智慧时空大数据平台根据系统服务对象的不同及系统网络安全需求有所区别，将网络分为涉密网、政务网、公众网三类。为了实现政务网与公众网之间的信息交换，两者采用逻辑隔离，通过网闸进行数据交换与同步；为了防止敏感信息泄露，政务网、公众网与涉密网（如涉密数据存储及处理）之间采用物理隔离，达到信息系统安全等级三级保护要求。时空大数据平台子网及其之间关系如图 5.45 所示。

在上述网络中，将在政务网、涉密网分别搭建一套智慧时空大数据平台，以支撑运行于政务网、涉密网内的地理信息政务应用；公众网环境中可在原有天地图平台基础上进行升级，通过网闸等安全设备实现政务网数据与互联网数据的传输，以支撑市民和企业的地理信息应用。

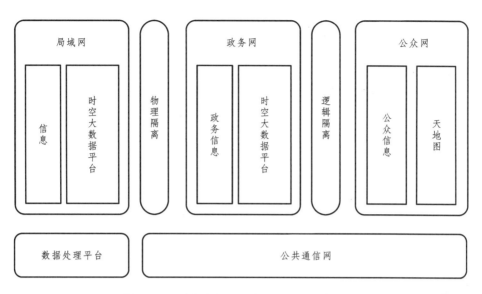

图 5.45　时空大数据平台子网及其之间关系

政务网、公众网将依托云计算中心，租赁服务平台所需的硬件和网络资源；涉密网
（如涉密数据存储与处理）将依托现有的数字地理空间框架运行环境。网络拓扑结构图如
图 5.46 所示。

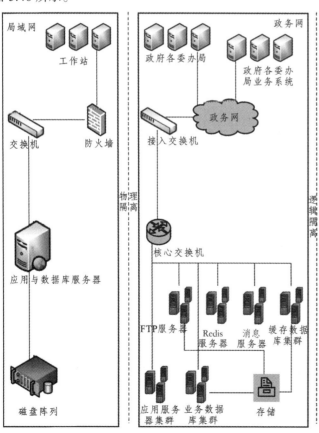
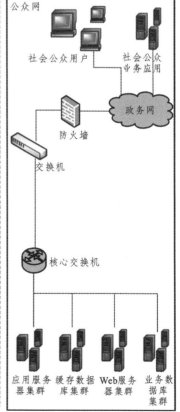

图 5.46　网络拓扑结构图

5.5.2　政务网支持环境设计

政务网主要支撑时空大数据平台以及运行在政务网的应用系统等的运行。该环境主要需要 8 台服务器、8 T 存储空间，内存 224 G，其中，数据库服务器、应用服务器等做集群部署，Nginx 服务器做负载均衡，确保 10 万访问、1 千并发、响应达到秒级的运行效果。

1. 基础硬件选型与配置

服务器需要从市大数据中心申请 8 台虚拟化服务器，包括应用服务器（1 台）、数据库服务器（2 台）、GIS 服务器（1 台）、区县数据库服务器（1 台）、区县应用节点服务器（1 台）、Nginx 服务器（1 台）和消息服务器（1 台）。服务器的参数配置见表 5.37 所示。

表 5.37　基础硬件配置要求

序号	设备名称	型号和规格	数量	单位
1	应用服务器	CPU：4 核 2.4 GHz； 内存：32 GB； 硬盘：500 GB； CentOS7.0 及以上操作系统	1	台/套
2	数据库服务器	CPU：4 核 3.2 GHz； 内存：32 GB； 硬盘：1 TB； CentOS7.0 及以上操作系统	2	台/套
3	GIS 服务器	CPU：4 核 2.4 GHz； 内存：32 GB； 硬盘：2 TB； CentOS7.0 及以上操作系统	1	台/套
4	区县数据库服务器	CPU：4 核 3.2 GHz； 内存：16 GB； 硬盘：2 TB； CentOS7.0 及以上操作系统	1	台/套
5	区县应用节点服务器	CPU：4 核 2.4 GHz； 内存：32 GB； 硬盘：500 GB； CentOS7.0 及以上操作系统	1	台/套
6	Nginx 服务器	CPU：4 核 3.2 GHz； 内存：32 GB； 硬盘：500 GB； CentOS7.0 及以上操作系统	1	台/套
7	消息服务器	CPU：4 核 2.4 GHz； 内存：16 GB； 硬盘：500 GB； CentOS7.0 及以上操作系统	1	台/套

2. 服务器端操作系统配置

服务器端操作系统应具有良好的开放性、较高的稳定性、能提供良好的分布式开发环境、具有很强的适应性。为了保证系统的安全性，本系统采用系统配置详见表 5.38 所示。

表 5.38 服务器端操作系统配置要求

序号	用途	操作系统	数量	单位
1	应用服务器	64 位 CentOS7.0 及以上操作系统	1	台/套
2	数据库服务器	64 位 CentOS7.0 及以上操作系统	2	台/套
3	GIS 服务器	64 位 CentOS7.0 及以上操作系统	1	台/套
4	区县数据库服务器	64 位 CentOS7.0 及以上操作系统	1	台/套
5	区县应用节点服务器	64 位 CentOS7.0 及以上操作系统	1	台/套
6	Nginx 服务器	64 位 CentOS7.0 及以上操作系统	1	台/套
7	消息服务器	64 位 CentOS7.0 及以上操作系统	1	台/套

3. 数据库系统配置

数据库系统主要是存储数据的大型数据库系统，目前市面上的大型数据库比较多，由于要考虑存储整体范围的空间数据和非空间属性数据，数据库软件需具有较强的空间数据存储能力（包括矢量数据和影像数据）、较快的数据检索速度、较高的系统稳定性、安全性、支持 Linux。在同等条件下优先考虑国产化及开源数据库存储平台。因此，数据库系统软件采用 HDFS 进行文件等非结构化数据存储、采用 PostgreSQL 进行关系数据存储、采用国内自主创新、具有自主知识产权的空间数据存储平台进行空间数据存储。

4. GIS 平台设计

GIS 平台软件地理信息和地理信息应用是时空大数据平台建设的主要内容之一，需要支撑云环境的云 GIS 平台作为支撑，搭建形成云 GIS 环境。考虑信息和数据安全，同时按《政府采购法》《国家中长期科学和技术发展规划纲要（2006—2020 年）》《政府采购进口产品管理办法〔2007〕119 号》对自主创新产品的政策要求，项目拟采用国内自主创新、具有自主知识产权的 GIS 产品。同时，考虑到对现有成果的兼容性，项目需要采用 GIS 系列软件，主要包括 1 套 GIS 服务发布引擎，1 个 GIS 数据管理系统、1 个 GIS 数据配图系统、1 个云管理系统。

5. 系统部署设计

系统部署包括数据库集群、GIS 集群、应用服务器、消息服务器等，考虑到负载均衡、容灾备份以及网络安全等问题，采用 Nginx 反向代理服务器作为平台对外服务支撑的出口。政务网的具体部署架构如图 5.47 所示。

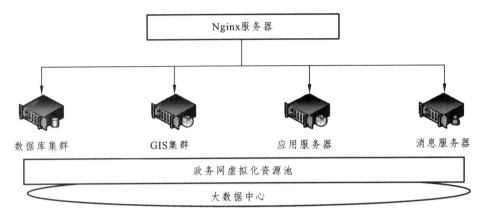

图 5.47　政务网部署设计

5.5.3　公众网支持环境设计

公众网平台主要支撑天地图以及基于天地图的应用等系统的运行。该环境主要利用市云计算中心，申请 4 台虚拟化服务器、3 TB 存储空间，80 GB 内存，其中数据库服务器、业务数据库服务器等做集群部署。

1. 基础硬件选型与配置

服务器需要从市大数据中心申请 5 台虚拟化服务器，包括应用服务器（1 台）、数据库服务器（2 台）、Nginx 服务器（1 台）和 GIS 服务器（1 台）。服务器的参数配置的基本要求详见表 5.39 所示。

表 5.39　基础硬件配置要求

序号	设备名称	型号和规格	数量	单位
1	应用服务器	CPU：4 核 2.4 GHz 内存：16 GB 硬盘：500 GB CentOS7.0 及以上操作系统	1	台/套
2	数据库服务器	CPU：4 核 3.2 GHz 内存：16 GB 硬盘：1 TB CentOS7.0 及以上操作系统	2	台/套
3	Nginx 服务器	CPU：4 核 3.2 GHz 内存：32 GB 硬盘：500 GB CentOS7.0 及以上操作系统	1	台/套
4	GIS 服务器	CPU：4 核 2.4 GHz 内存：16 GB 硬盘：1 T B CentOS7.0 及以上操作系统	1	台/套

2. 服务器端操作系统

服务器操作系统是构建整个系统的基础，是整个系统安全可靠的保证。在互联网环境中，操作系统选型与政务网环境一致，具体详见表 5.40 所示。

表 5.40　服务器端操作系统配置要求

序号	用途	操作系统	数量	单位
1	应用服务器	64 位 CentOS7.0 及以上操作系统	1	台/套
2	数据库服务器	64 位 CentOS7.0 及以上操作系统	2	台/套
3	Nginx 服务器	64 位 CentOS7.0 及以上操作系统	1	台/套
4	GIS 服务器	64 位 CentOS7.0 及以上操作系统	1	台/套

3. 数据库软件

数据库系统主要是存储数据的大型数据库系统，目前市面上的大型数据库比较多，由于要考虑存储整市级范围的空间数据和非空间属性数据，数据库软件需具有较强的空间数据存储能力（包括矢量数据和影像数据）、较快的数据检索速度、较高的系统稳定性、安全性并支持 Linux。在同等条件下优先考虑国产化及开源数据库存储平台。因此，数据库系统软件采用 HDFS 进行文件等非结构化数据存储、采用 PostgreSQL 进行关系数据存储、采用国内自主创新并具有自主知识产权的空间数据存储平台进行空间数据存储。

4. GIS 平台软件

考虑到对现有成果的兼容性，项目需要采用 GIS 系列软件，主要包括 1 套 GIS 服务发布引擎、1 个 GIS 数据管理系统、1 个 GIS 数据配图系统、1 个云管理系统。

5. 系统部署设计

互联网环境的公众网系统部署架构与政务网环境部署架构基本一致，如图 5.47 所示。

5.5.4　涉密网支持环境设计

涉密网设计以现有数字地理空间框架局域网为依托，硬件设备全部利用市规划和自然资源局现有资源，软件环境考虑 Linux 操作系统及国产化、具有自主知识产权的 GIS 软件等。

1. 基础软硬件选型与配置

参照现有数字地理空间框架涉密网运行情况，项目涉密网软硬件设备全部利用现有资源，包括 1 台服务器作为应用服务器，2 台服务器作为数据库服务器，部署数据库软件和时空大数据资源管理系统各 1 套，1 套 GIS 软件，在原有系统上直接升级。基础软硬件选型与配置如表 5.41 所示。

表 5.41　基础软硬件配置要求

序号	设备名称	型号和规格	数量	单位
1	应用服务器	利用现有设备	1	台
2	数据库服务器	利用现有设备	2	台
3	操作系统	CentOS 7.3 及以上	2	套
4	GIS 软件	国产化、具有自主知识产权的 GIS 软件	1	套

2. 系统部署设计

涉密网系统部署结构详如图 5.48 所示。

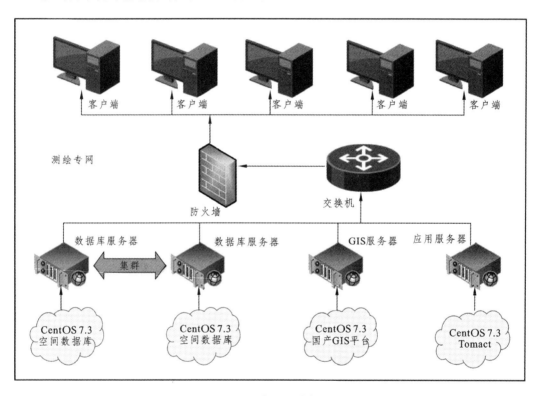

图 5.48　涉密网系统部署图

5.6　运行保障机制

5.6.1　平台运行机制

为确保系统长期有效运行，按照国家集约化建设要求，结合市规划和自然资源局职责及本平台的总体定位，制定的平台运行机制主要包括：

（1）市规划和自然资源局所有可共享数据应接入时空大数据平台，形成服务对外提供支撑，同时确保平台的长期、稳定运行。

（2）市规划和自然资源局应按照平台数据更新机制，及时对平台中的数据进行更新维护。

（3）时空大数据平台应作为市规划和自然资源局对外提供服务的唯一平台，平台正式上线运行后，不再以其他方式对外提供平台中已有的任何数据。

（4）时空大数据平台应作为市唯一的地理信息空间服务平台，提供地理信息服务。市各行业部门的地理空间数据应统一通过该平台接入，对外提供服务。

（5）市地理空间信息化平台建设，应按照统一立项、统一支付、统一管理的方式，立项前充分考虑时空大数据平台是否已满足新建项目的建设需求，确保符合国家集约化建设的要求。

5.6.2　平台安全保障机制

网络层面安全主要确保时空大数据平台所在的网络不受病毒侵害，进行合理划分 IP 和访问策略，保证网络运行稳定。平台具体安全保障手段主要包括：

（1）不同网络环境划分。

本系统的数据以及核心主体，主要依托大数据中心，运行在政务网和互联网中。在使用过程中应严格按照数据保密要求，区分不同网络；在同一网络下应划分数据库域、应用域、web 发布域等，各区域明确访问边界，避免交叉访问。

（2）防火墙系统。

为了保证网络的安全，实现各安全域之间访问的合理控制，各网络安全域的边界都应该安装防火墙，按不同安全要求实施相应的安全策略控制。

（3）监控检测系统（IDS）＋入侵防御系统（IPS）。

在网络监控防御体系中，通过采用监控检测系统（IDS）实时监控和检测网络或系统的活动状态，尽可能发现各种攻击企图、攻击行为或者攻击结果，以保证网络系统资源的机密性、完整性和可用性；通过采用入侵防御系统（IPS）改善控制环境，控制入侵风险。通过二者的混合使用，既实现了网络风险的查找与评估，同时阻断风险。

（4）漏洞扫描系统。

漏洞扫描系统主要定期或不定期对网络和系统的安全漏洞进行检测，报告服务进程，提取对象信息，评测安全风险，提供安全建议和改进措施，帮助安全管理员控制可能发生的安全事件，最大可能地消除安全隐患。

（5）安全审计。

安全审计也是网络中的重要的安全环节。安全审计并非日志功能的简单改进也并非等同入侵检测，应该突破以往"日志记录"等浅层次的安全审计概念，是全方位、分布式、多层次的强审计概念，实现网络对安全审计实质性的要求。

（6）系统层面安全。

系统层面安全主要确保服务器、客户端的操作系统、软件环境稳定可靠。确保操作系统、软件等安全的措施主要包括：

①　系统备份与恢复。

对时空大数据平台采取系统备份及恢复策略，对系统业务数据进行增量备份。在系统崩溃后能够快速地从备份数据中恢复过来，使系统能够在短时间内快速解决故障。

②　系统日志。

记录系统中硬件、软件和系统问题的信息，利用系统日志还可以监视系统中发生的事件。可以通过系统日志来检查错误发生的原因，或者寻找受到攻击时攻击者留下的痕迹。系统日志的安全也直接关系到计算机系统的安全。因此可以采用用户名及口令等认证机制、对文件进行加密、从网络模型的各层次协议及系统的保护机制等方面对系统日志进行防护。

③　身份验证及权限控制。

系统登录应通过统一身份验证，针对不同用户分别设定访问权限，每一类数据、服务甚至系统界面都应与权限管理系统挂接，结合系统日志，定期统计异常操作，快速排查存在攻击隐患的用户。

（7）数据层面安全。

项目的数据主要包括市各类时空信息资源。数据层面安全就是确保从底层数据库软件上确保上述数据存储和应用的安全。数据层面的具体安全措施包括：

①　选择安全性控制好的数据库平台软件。

②　选择安全性能较好的国产化数据处理软件。

③　安装相应的补丁。

④　关闭相应的服务，修改数据库用户的默认密码。

⑤　设置数据库用户的操作权限，避免用户因应用软件功能导致的在底层数据库错误删除等安全意外。

⑥　针对数据库软件的备份恢复功能做好数据的备份恢复工作。在系统运行后，业主方建立安全机制，同时做好数据备份和容灾恢复工作。定期对数据库进行巡检。数据层面的安全具体从签署保密协议、数据库保密和安全、数据脱密处理、瓦片数据共享等方面进行详细阐述。

（8）数据备份与恢复。

项目数据备份采用的数据备份方式主要包括：

①　集中式管理。

本方案应利用集中式管理工具对整个网络的数据进行管理。系统管理员可对全网的备份策略进行统一备份作业管理。

②　全自动的备份。

全自动的备份能够实现定时自动备份。根据用户的实际需求，设置备份时间表，备份系统将自动启动备份作业，无须人工干预。

③　数据库恢复。

根据用户设置，系统可以实现自动恢复功能。

④ 系统灾难恢复。

网络备份方案应能够备份系统的关键数据，在网络出现故障甚至损坏时，能够迅速地恢复网络系统。

无论是采用手工方式，还是通过计算机程序对数据库中的数据进行修改，都有可能导致数据错误的发生。当发生数据错误时，系统应该能够恢复，要求数据库管理系统具有如下功能：

① 自动恢复。

在数据出错时可以把数据修复到修改前状态。

② 自动备份。

数据库修改后，原有的数据应作自动备份。

③ 历史数据。

当数据库中的数据被修改后，原有的数据要保留入历史库中，以备数据回溯和查询使用。

（9）数据加密。

项目采用 MD5 技术加密再传送的机制，以保证数据传输及系统的安全性。

（10）数据脱密、要素抽取处理。

由于数据涉及国家基础性、战略性信息资源，因为需要对外提供服务，所以必须做好数据保密工作，否则将会对国家安全造成重大危害。由于面向的用户对象不尽相同，主要有市领导、委办局以及公众用户，系统主要部署在政务网和互联网中，这些用户对空间地理信息有不同的需求，对这三类用户采取的数据提供手段也不同。

5.6.3　安全管理制度

1. 安全管理

安全管理需制定信息安全工作的总体方针和安全策略，说明机构安全工作的总体目标、范围、原则和安全框架等。对安全管理活动中重要的管理内容建立安全管理制度，对安全管理人员或操作人员执行的重要管理操作建立操作规程。

2. 人员管理

需要制定严格的管理制度，来保证系统的安全使用，关键技术人员必须掌握的内容主要包括：

（1）系统整体网络结构，系统终端的配置情况。

（2）如何进行账号管理，配置一个安全的系统。

（3）如何引导每一个用户增强安全意识。

（4）如何进行系统安全的实例分析。

对于规定的制度，应该尽可能地让每一个人都能清楚地了解，尤其是相关部门的业务主管人员(包括所有的业务部门)。制度完备以后,可以装订成册印发到每一个人手中。

同时，需要建立完整的用户账号、密码清单并妥善保管；建立完整的用户终端计算机和用户偏好的档案，包括IP地址、终端机器名、用户喜欢的桌面字体等配置参数等；限制用户登录的时间和机器等。

管理机制是各项安全措施、制度、手段能够落实的根本因素，其中关键是人员的管理机制，是否能有一批技术过硬、长期稳定的人员从事这项工作、如何稳定这批人员是其核心问题。建议对关键核心人员采取灵活的管理机制，同时也可以尝试目前较为流行的服务外包等措施。

3. 安全组织

（1）岗位位置。

成立系统安全管理保机构，在机构设立安全主管人、安全管理各个方面的负责人岗位，如系统管理人员、网络管理人员、安全管理人员，定义各负责人的职责、分工以及技能要求。

（2）人员配备。

在负责系统安全的各个岗位人员配备方面，要做到系统管理人员、网络管理人员、安全管理人员、数据库管理人员各一名或以上，而且这些岗位人员不能兼职其他岗位。

（3）沟通和合作。

加强各类管理人员和组织内部机构之间的合作与沟通，定期或不定期召开协调会议，共同协助处理信息安全问题；同时加强与兄弟单位的合作与沟通，以便在发生安全事件时能够得到及时的支持。

（4）审核和检查。

由安全管理人员定期进行安全检查，检查内容包括用户账号情况、系统漏洞情况、系统审计情况等。

4. 运维管理制度

设立运维管理机构，制定日常运行管理制度，主要包括：

（1）运维管理机构。

设立安全主管、系统管理员、网络管理员、安全管理员等岗位并确定各岗位的工作职责，为各岗位配备一定数量的人员。

（2）日常运行管理制度。

日常运行管理主要包括业务处理、设备运行管理、系统安全管理等工作内容，具体包括：

① 保证用户能够正常使用。

② 系统的日志，确认系统的工作状态。

③ 数据的备份/恢复，保证数据的安全性。

④ 系统的更新，保证系统的安全性和可靠性。

第 6 章
项目组织机构和人员

6.1　项目领导小组

为了有效推进智慧时空大数据平台建设，在市规划和自然资源局组织下，成立以市规划和自然资源局数据信息中心为主体的项目组，根据分工不同可分成项目领导小组和项目实施小组。在市规划和自然资源局成立时空信息云平台项目领导小组，负责时空大数据平台建设过程中顶层设计指导、工作协调、经费保障等工作。项目领导小组办公室设在市规划和自然资源局自然资源调查监测科。

6.2　项目实施机构

为了更好地协调组织好项目实施，在领导小组的指导下，成立一个项目实施机构，解决项目实施过程中的技术实现、项目管理和决策控制三方面的问题，明确各方职责及其组间协调关系，为项目成功打下坚实的组织保障基础。项目实施机构的组织架构主要包括：

（1）项目总体负责人。

① 项目总体负责人对项目架构设计、实施进行指导。

② 负责项目方向的把控，提供项目建设指导意见。

③ 负责项目协调、管理及进度的把控。

（2）技术总负责人。

技术总负责人负责项目技术管理、系统架构设计、技术难题攻关等。

（3）项目总体组。

① 项目总体组负责项目计划实施，对各组职能进行安排、监督，保证项目圆满完成；

② 负责项目总体设计、标准规范建设。

（4）数据组。

数据组负责时空数据采集、处理、建库与更新工作。

（5）开发组。

开发组负责项目软件系统的详细设计、应用系统开发、调试等，根据用户对功能的微调进行系统软件的修改完善及文档建立，负责白盒测试。

（6）集成与测试组。

集成与测试组负责软硬件环境及网络环境的集成以及系统集成测试。

（7）管理协调组。

管理协调组负责整个项目的实施过程中的质量控制、与业主方的协调沟通等商务事宜。

（8）售后与培训组。

售后与培训组负责项目开发后的整体售后服务及验收前期的项目培训工作。

6.3 运营机制

6.3.1 项目运营机构

时空大数据平台作为智慧建设的核心基础，因其在数据采集、数据更新、系统维护方面的专业性要求，以及空间地理信息资源的涉密性质，需要有专职部门和专职人员对其进行专业化的管理与运营。因此，由市规划和自然资源局作为智慧时空大数据平台建设管理和运行经营的主要负责部门。项目运营机构具体负责的工作包括：

（1）时空信息数据库的建库、更新、维护和管理。

（2）基础地理信息的数据发布、分发和交换等服务工作。

（3）为政府有关部门、社会有关单位提供 GIS、RS 应用服务和技术支撑。

（4）推动市地理信息产业的发展。

（5）承担各类地理信息数据的资源整合和集成工作。

（6）承担空间信息数据标准和技术标准的研究工作。

（7）开展智慧地理信息应用建设与服务的关键技术研究与实施。

6.3.2 数据更新模式

现势性是数据应用的前提，在项目建设过程中应同步建立地理信息数据的长效更新机制。通过地理信息数据的长效更新机制建设，明确各承担单位的职责、数据更新内容、更新时间及更新频率等相关问题，以政府规章制度的形式固定下来，从而从较高层面确保地理信息数据的更新顺利进行。

结合数字框架平台建设应用经验以及其他省市在数据更新机制方面的探索，项目中所涉及的数据更新包括基础地理信息数据更新、三维数据生产、物联网数据普查、地名地址数据普查、建筑物数据建设、管线数据建设等全部数据内容，可采用数据外包并对接业务应用系统进行更新。数据更新模式主要包括：

（1）平台运营部门统筹管理与指导数据更新工作，即由政府根据基础测绘计划以及其他专题数据应用需求，制定数据更新需求；同时，制定下发数据生产建设的标准规范等，作为数据更新工作的标准依据。

（2）对于日常行政审批等业务办理往往需要实时更新的数据，由于其业务本身数据也在实时更新，对此类数据可以采用数据接口服务的方式，形成标准的数据服务对接接口，从而确保业务数据的及时更新，同时支撑业务办理工作，降低后期数据更新的工作量。

（3）数据时效性要求不高的数据可通过定期的质检归档模式，与局内档案系统对接，定期对质检归档的数据进行更新，此类更新能够有效确保数据更新的同时，提升部门内部档案管理工作，同时为年终考核等提供支撑数据。

（4）数据外包单位更新模式。对于基础性测绘数据、调查数据、地理国情普查等数据，选择市地理信息数据生产单位作为合作外包单位，负责具体的数据更新工作，根据运营部门提出的数据更新需求，结合相应的标准规范及要求，完成数据的更新工作。

6.3.3　应用推广模式

按照"共建共享"的原则，建立平台应用推广机制及应用管理办法等，以政府规章制度的形式明确要求全市基础地理信息应用，应基于平台进行建设，不允许重复建设；应用部门的公共信息资源，应无偿共享至平台中。

同时，也应做好地理信息的推荐、营销、宣传与培训，使各委办局了解时空大数据平台能够提供的服务，为全市各部门应用地理信息成果打好基础。此项工作应由市测绘地理信息局牵头，定期召开专题推介会，把每一阶段产生的数据成果及时对外披露，积极宣传应用效果好的部门，树立业务典型，使各部门深刻认识到地理信息应用为部门业务带来的价值。安排每个季度至少一次的地理信息应用培训，使各部门逐步提高地理信息应用方面的知识积累和技术力量，为下一步全市大范围推广夯实基础。

6.3.4　人才培养模式

人才是时空大数据平台推广与应用的关键。这支队伍和 IT 行业密切相关，又不完全相同。目前只有一部分信息化程度较好的部门具备信息化专业人才，大部分政府部门尚未具备专门的信息化队伍。但市时空大数据平台及其应用建设需要全市各部门的积极参与和协同，这就需要建立一支专门的信息化队伍，能够对全市的基于时空大数据平台的信息系统建设和运行提供技术支持，以及为将来的"天地图"市场化运营公司提供人才储备。

建议以市规划和自然资源局为主导，整合行业优秀企业，创新合作模式，如人才外包模式，共同成为市地理信息的专业建设、运营维护、人才培养以及公共技术研究的支撑机构。

第 7 章
风险及效益分析

7.1 风险分析及对策

7.1.1 多部门协作风险

时空大数据平台的建设，涉及多个部门：在基础设施层面，需要云平台资源，而云平台由工信委负责管理维护；在数据层面，除基础地理信息数据属于市规划和自然资源局主管外，其他如建筑物数据、管线数据等，则属于住建委等部门管辖，需要相关部门进行配合方可实现；在平台及应用层面，更需要梳理或整合多个部门的业务。因此，领导是否重视、相关部门是否配合将直接影响到项目的成败。

针对此风险，建议成立专门的领导小组，由市委、市政府领导牵头，全面统筹平台的建设与推广，明确各相关部门的责任与义务，共同推进平台建设。

7.1.2 数据整合与更新风险

时空大数据中心是项目建设的重要内容之一，数据涉及多个部门，需要进行一体化的整合方可实现综合应用；而数据更新是否及时，也将直接影响到平台的服务能力及生命力。

为了避免数据整合与更新的问题，首先应对相关部门的相关信息资源进行梳理，建立相应的标准规范，作为数据建设应遵循的统一的标准规范；第二，探索建立符合市实际的数据更新模式与共建共享模式，保证信息资源的共享与更新。

7.1.3 开发商风险

开发商风险是平台建设的最大风险，平台建设主要的任务最终要落到开发商上。国内许多好的项目，最终因为没有选择好合适的开发商造成项目最终失败或者没有达到预期目标。在选择开发商时，从资质、能力、项目经验、参与项目的态度、项目团队的能力以及售后服务等多个方面综合考虑，以确保选择合适的开发商。

7.1.4 项目管理风险

项目管理对平台建设的成败也非常重要，建设单位选择协调和沟通能力强的项目负责人，确保项目的有效管理。同时也要求开发商配备有经验和能力的项目经理和项目实施团队。

7.1.5　平台应用推广风险

智慧时空大数据平台是智慧的基础性平台，如何让更多的委办局使用平台，让平台满足各委办局的不同应用需求是平台推广服务的重要工作，后期各项应用都将基于时空大数据平台进行建设或集成，平台的服务能力将直接影响到应用系统的建设成效。因此，需要建立长效的运营管理机制，确保平台的先进性、灵活性与稳定性，以便更好地支撑城市各领域的智慧应用。

7.2　效益分析

7.2.1　预期效果

通过时空大数据平台的建设，将建成政府部门动态更新、各部门共享交换、协同应用的地理信息资源集散中心，成为大数据中心的重要组成部分，推进智慧的建设；同时，可为政府领导管理决策、部门业务工作以及社会公众服务等提供丰富的、准确的、灵活的、可定制组装的数据及功能服务。通过智能化应用，提升城市建设管理与服务水平，推进城市智能、绿色、低碳、集约式发展。

1. 辅助政府领导管理决策

建成的时空大数据平台，将形成以地理信息为载体的全市一张图体系：在地理信息方面，整合了基础地理信息、三维数据、物联网节点数据、建筑物数据以及地理国情监测数据等信息，基本覆盖了现实世界的关键要素信息；在专题信息方面，通过地理信息可以不断整合人口、法人、宏观经济以及各业务部门的专题信息，建立空间与业务数据的关联。丰富、准确的数据信息，将构建形成更为真实的虚拟城市。

以此为基础，平台可以结合需求、开展基于空间的综合性数据分析、挖掘等，为政府领导、管理、决策提供科学、可靠的服务支撑。如政府领导可基于平台，结合重点项目信息的挖掘分析，了解全市重点项目分布及建设进度；可基于平台结合地理国情监测数据的挖掘分析，了解植被、水域等自然要素以及交通设施、居民的配套设施等的空间分布情况；可基于平台结合城市人口、经济指标等信息的挖掘分析，了解人口分布规律及发展趋势、了解城市经济发展状况等。

2. 服务部门日常工作

建成的时空大数据平台，可按照业务部门应用需求，按需提供满足部门业务应用的数据及功能服务。在数据服务方面，平台整合了多个业务部门的专题信息资源，可以提供跨部门的公共数据服务支持；在应用方式方面，平台提供按需定制的标准服务，部门应用可结合业务需求，按需申请所需的数据及功能服务，使得服务内容更适应部门应用。

环保部门可基于平台，了解监测点的空间分布及监测数据信息；对某点的异常监测值，可申请查看监测点周围的重点企业、重点污染源、重大在建项目等信息，分析影响环境异常的因素；同时，还可通过分析异常监测值的影响范围，申请查看影响范围内的人口情况，以便及时提醒附近人口及时采取防护措施。

3. 服务社会公众

建成的时空大数据平台，可以为社会公众提供高精度的实时定位及丰富的数据服务。在实时定位方面，可结合无线通信网络、卫星定位等定位方式，实现更高精度、更大覆盖范围的实时定位服务；在数据服务方面，平台丰富的公共基础地理信息以及经济社会信息，可以为社会公众应用提供重要的信息支撑。

社会公众可基于平台，查看吃、住、行等日常关注的信息，查看教育资源分布、医院分布、公共交通情况等信息；同时，可结合移动端的实时位置服务，提供更为便捷的位置服务。

7.2.2　经济效益分析

1. 推动城市信息化、集约化建设，可节约 30% 左右的信息化投入

通过时空大数据平台的建设，依托电子政务云环境，形成基础设施服务、数据服务、平台服务、应用服务等 4 个层面的信息资源池，可以为全市 20 余个政府机关、事业单位以及企业、社会团体、公众等提供公共信息资源服务，可减免基础设施、公共基础数据、地理信息平台等方面的投入，约节省投入的 30%。

2. 提升政府管理服务水平，推进经济社会协调发展

通过时空大数据平台的建设，可为政府宏观决策、规划计划以及各业务部门的管理工作提供科学可靠的信息支持，全面提升城市规划、建设、管理与服务水平，从而推进经济社会的协调发展。

3. 带动地理信息及其相关产业发展

智慧时空大数据平台的开通，将带动全市各委办局和区县的信息化建设，包括政务办公、企业增值开发、位置服务等应用，同时带动地理空间信息产业相关的信息加工生产业和增值服务业的发展，从而拉动地理信息产业的整体发展，带来经济效益的同时产生巨大社会效益。

7.2.3　社会效益分析

项目在数字建设的基础上，我市的地理信息管理和应用具备"智慧"能力，实现网络的互联、信息的感知、资源的集成、业务协同，达到"智慧目标"，从而突破信息化发展的瓶颈，形成服务于我市政府管理及社会公众服务的信息服务能力。

1. 提升的品牌与影响力

通过时空大数据平台的提升，将开创从基础设施到数据、到平台、到应用等信息化资源的按需服务与负载均衡，实现多层次信息化资源的集约化建设与应用，在全省乃至全国的信息化建设中都具有良好的示范效应。

同时，时空大数据平台是智慧大数据中心的重要组成部分，也是智慧的落脚点与突破点之一。通过提升时空大数据平台的服务能力，对智慧的建设具有里程碑式意义，同时还将我市新型城镇化综合试点、市不动产登记、市地理国情监测等多项试点工作的推进，从多个角度提升市的品牌与城市影响力。

2. 提升电子政务服务水平

提高电子政务的工作效率。地理空间信息库建设将重新调整安排和数据重复生产、维护有关的资源，各专业部门更专注于自身业务领域数据的建设，能用有限的资源做更多的工作，成本降低了，但更加专业了，更新速度更快，质量也更好。

促进政府各专业部门信息化建设发展。传统的 GIS 项目开发周期一般为一至两年，通过该项目的实施，可将该周期缩短为三至六个月，效率提高 1 倍，费用也大大降低。平台的效益将通过在各部门之间的数据共享而显著提高，各部门信息系统建设需要大量现实和准确的基础数据。当他们和其他部门共同分担数据收集与维护的支出时，无疑会大大节省时间、成本和多方面的努力。地理空间数据的采集动辄需要花费上百万，但是通过合作伙伴关系获取，一个部门的单独花费就会降到总花费的一部分。伙伴越多，工作效率越高，经费节省越多。同时在智慧时空大数据平台上通过统一的共享服务接口进行二次开发，将极大地缩短政府各专业部门信息系统的建设周期。

实现政府部门间工作模式的转变。由原来的"一对多"转变为"一对一"模式。通过时空大数据平台和"一站式"服务门户，减少各专业部门内部交叉、网状互联的成本。如以前要获得某信息资源需要调查多个相关部门，而现在仅需要通过"一站式"服务网站，即可获得更多、更及时、更准确的信息。

3. 提升社会公众生活的便捷度与幸福度

获取公共信息服务方式由"被动"变为"主动"。把智慧城市的数据资源与共同的地理属性紧密相连，建设统一的对外地理空间信息服务窗口，使信息资源真正为社会公众服务，使社会公众获取信息由"被动"变为"主动"，提高人民群众的生活质量。

第 8 章
基于时空大数据与云平台应用案例

8.1　多规合一业务系统平台

在推进政府治理体系和治理能力现代化的过程中，以解决关键问题和实际问题为导向，以企业和群众感受为评判标准，加大转变政府职能和简政放权力度，全面开展工程建设项目审批制度改革，统一审批流程，统一信息数据平台，统一审批管理体系，统一监管方式，实现工程建设项目审批"四统一"，加快构建科学、便捷、高效的工程建设项目审批和管理体系。为贯彻落实党中央、国务院关于全面开展工程建设项目审批制度改革、深化"放管服"、优化营商环境的决策部署，加快"多规合一"的业务协同和"一张蓝图"的建设，统筹整合各类规划，划定各类控制线，构建"多规合一"的"一张蓝图"。依托工程建设项目审批管理系统，加强"多规合一"业务协同，统筹协调各部门对工程建设项目提出建设条件以及需要开展的评估评价事项等要求，为项目建设单位落实建设条件、相关部门加强监督管理提供依据，加速项目前期策划生成，简化项目审批或核准手续。

8.1.1　多规合一业务系统平台建设内容

多规合一业务协同平台覆盖构建"多规合一"的"一张蓝图"，建立"多规合一"业务协同平台，实现利用"多规合一"业务协同平台加速项目前期策划生成，简化项目审批或核准手续等内容。建设围绕"统筹建设、整合资源"的思路来开展，主要涉及工程建设项目的规划选址、策划生成、落实建设条件等工作提供信息化保障和支撑，包括5个方面：

（1）以时空大数据与云平台提供的数据服务、基础服务及扩展接口服务等相关功能。

（2）编制配套标准规范。

（3）建立"一张蓝图"数据库。

（4）开发"多规合一"业务协同平台。

（5）建立"多规合一"业务协同后期数据更新、系统运维及安全保障机制。

"多规合一"业务协同平台，实现与工程建设项目审批管理系统互联互通。由自然资源主管部门统筹协调生态环境、人防、消防、电力、水务、气象等部门，对工程建设项目提出建设条件以及需要开展的评估评价事项等要求，为项目建设单位落实建设条件、相关部门加强监督管理提供依据。积极鼓励前期项目咨询，制定并实施项目生成管理办法，实现利用"多规合一"业务协同平台加速项目前期策划生成。面向各行业主管部门实现空间信息实时共享，为数据更新和数据应用提供操作平台。

1. 实现"多规合一"的需求

为统筹各类规划数据，实现"多规合一"的需求，应建设"一张图"子系统。从而解决由于政府各部门工作数据及成果只在自身内部应用，没有进行各类规划融合，往往会存在规划不协调、相互打架等矛盾。

时空大数据地理信息平台整合了基础地理、规划成果、现状地物数据、外部数据等多种数据类型，构建了数千个空间图层、上百个地图服务、TB 级别的数据量。项目建设需要基于时空大数据与云平台，在大地 2000 坐标系下将各类空间规划体系成果数据进行融合，建立规划"一张图"平台，实现各类空间规划、基础地理、规划现状、项目实施等数据资源的整合、发布、查询、统计，并发布地图服务、目录服务、应用定制服务，为各个部门提供空间数据支撑。

2. 实现服务项目策划生成的需求

实现利用"多规合一"业务协同平台加速项目前期策划生成，简化项目审批或核准手续。建设项目策划生成管理子系，项目策划生成管理包括项目储备、项目发起、合规性审查、综合协调和项目生成五个阶段。项目生成后可直接推送到工改系统进入审批程序，审批程序包括：

（1）项目储备阶段。

项目主管部门编制行业近期和年度建设实施计划，按照发展改革部门给定的表格填写项目基本信息上报到发展改革部门；发展改革部门通过"多规合一"业务协同平台（以下简称平台），将上报的项目统一录入平台，存储到项目储备库。

（2）项目发起阶段。

项目行业主管部门、招商引资主管部门、经济开发区管委会或园区（以下简称项目主管部门）登录多规合一平台发起项目时，应对项目进行前期研究工作，完善平台项目储备库中的"项目基本信息表"并上传相关附件材料。对发起的项目资料和基本信息进行完善，确保项目发起所需资料齐全。如果项目有范围线，那项目主管部门可以通过平台"一张蓝图"系统的合规性审查功能对项目范围线进行初步的合规性判定，避免项目由于不符合规划造成重复协调，但该阶段的合规性判定不作为审查依据，只为项目主管部门提供工具服务。如果项目没有范围线，项目主管部门可以通过平台"一张图"系统的辅助选址功能基于控制性详细规划数据筛选出符合项目用地意向的地块，将该地块导出作为项目范围线；此外项目主管部门也可通过自定义绘制方式勾画出项目范围线。当项目资料齐全后，项目主管部门将项目推送到自然资源部门审查。

（3）合规性审查阶段。

自然资源部门在收到项目主管部门发起的项目之日起的规定工作日内，通过平台对项目是否符合土地利用总体规划、城市规划、基本农田、生态红线、城镇开发边界等进行合规性审查。根据合规性审查结果，结合相关政策背景出具合规性审查报告以及项目选址初步意见，主要包括：

① 符合合规性审查的项目由自然资源部门批转给相关部门进行综合协调，将合规性审查报告上传至平台作为项目附件之一。

② 不符合合规性审查的由州自然资源部门退回各项目主管部门重新发起。

③ 不符合合规性审查但属于政府确定要实施的特别重大项目的由自然资源部门批转给政府相关部门。

（4）跨部门综合协调阶段。

各部门根据项目的基本信息、项目范围线、项目合规性审查报告等资料，再结合平台"一张图"的功能，叠加各部门专项规划的分析结果以及当前政策背景，出具落实项目建设条件意见；自然资源部门对各部门出具的项目建设条件意见进行统筹汇总，如果所有部门意见同意，那项目进入待供应库，反之，项目退回发起阶段，行业主管部门根据出具的建设条件意见重新调整再进行发起。

（5）项目生成阶段。

进入项目待供应库的项目，由自然资源部门落实土地报批、土地征收储备、土地招拍挂或划拨等法定程序后，通过平台上传出让合同或划拨决定书等材料，进入项目库。项目主管部门应提前做好报批准备工作，在项目库中将项目推送到工程改革审批系统，启动正式审批申报程序。

3. 实现对项目台账管理的需求

建设项目台账管理子系统，通过对项目录入、项目分类、合规性审查、空间协调、项目生成中的项目个数统计以及按地区、按项目类型、按时间的图形化统计，实现项目个数、项目年度分布图形化和项目一张图的台账管理。

4. 实现对项目综合监管的需求

建设项目综合监管子系统，"多规合一"业务协同平台是通过将多个部门的规划融合在一张图上进行项目的策划生成，主要目的是为了项目更好实施，所以对项目的监管尤其重要，通过为项目负责部门提供策划生成的项目全生命周期情况，对项目的全流程策划成情况进行实时监控，了解政府项目动态，对策划生成项目的后续审批情况进行实时监控，了解政府项目落地情况。

8.1.2 软件体系建设

"多规合一"业务协同平台通过信息化工具与手段，实现自然资源基础评价和"多规合一"业务协同，支持多规合一的一张蓝图、项目策划和业务协同等应用。整体提升自然资源规划的技术支撑能力和水平。"多规合一"业务协同平台依托统一的"电子政务外网"基础网络，实现与工程建设项目审批管理系统等系统平台的对接，实现与其他建设项目审批职能部门的横向互通，强化国土空间规划在城市建设中的指导作用。同时，根据实际情况建立与其他同级信息平台的数据共享通道，扩大数据应用范围，提升数据利用价值。以一张蓝图为基础，强化项目前期策划生成功能，建立集项目申报、项目协调、前期服务于一体的项目策划生成机制和工作流程，充分发挥项目策划生成在项目立项前的可研协调和空间协调中的关键作用，切实解决项目地块规划冲突难以协调解决等问题，实现项目快速精准落地，简化项目审批或核准手续。同时"多规合一"信息平台衔接工程建设项目审批管理系统，实现审批的全流程监管。主要功能包括一张蓝图、项目策划、项目监管和业务协同。

1. 一张图子系统

基于"多规合一"数据资源，形成城乡统筹、全域覆盖、要素叠加、指标统一、政策协同并经过相关部门审查或按程序依法审批的规划成果，可以实现汇总国土空间规划"一张图"成果，涵盖专题图形分析、规划差异分析、规划指标统计、合规性检查、辅助选址等功能，辅助"多规合一"协同决策。一张图子系统的组成结构架构图如图 8.1 所示。

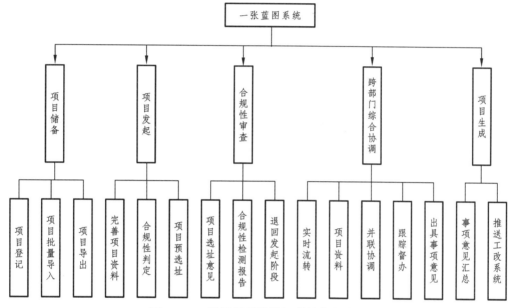

图 8.1　一张图子系统的组成结构架构图

基于图 8.1 所示的一张图子系统的组成结构架构图，一张图子系统可以实现的功能主要包括：

（1）数据目录。

数据目录将基础地理信息要素数据、分析对比数据、空间规划信息要素数据、国土空间信息要素数据等分类，选择相应图层，在一张图中显示。

（2）功能模块。

功能模块提供空间图形的通用阅读功能，包括信息查看、图层叠加、分屏比对以及放大、缩小、平移等图形查看基本功能。

（3）图像浏览。

① 地图操作。

地图操作提供对现有国土空间规划数据的展示、各类数据叠加浏览等功能，包含地图基本操作功能，如放大、缩小、平移、框选、一键全图、清除图面标绘等功能。

② 图层管理。

图层管理对图层的叠加显示效果进行管理，能调整图层的上下层关系、图层透明度等。

③ 分屏对比。

分屏对比采用分屏技术，可以同步对比查看不同类型的数据信息，直观掌握图形空间关系。

④ 测量工具。

测量工具提供地图距离测量和面积测量功能。通过点击地图界面右上角菜单栏量测工具，即可选择测距或测面。

⑤ 标绘。

标绘提供点标、各种图形手动测绘、文本输入等图形操作功能。通过点击地图界面右上角工具栏的测绘工具，在地图界面左上角会显示标绘工具弹窗。根据实际需求选择该弹窗工具上的按钮，即可在地图上进行相关操作。

⑥ 属性查询。

属性查询是指查询图层中某个区域的具体属性。通过点击地图界面右上角工具栏点选按钮，用鼠标点击地图上某个区域，系统右侧会弹出窗口显示该区域具体属性。

⑦ CAD 加载。

CAD 加载是指加载本地 CAD 文件使该文件在系统中显示。通过点击地图界面右上角工具栏的 CAD 加载工具，选择本地 CAD 文件即可在系统中显示。

（4）信息检索。

信息检索提供空间图形数据的数据定位、条件查询和属性查询等功能，主要包括：

① 图形查询。

图形查询提供多种空间定位方式，可以先按照条件进行查询检索，然后对检索结果进行定位，包括按道路名、项目、行政区域、坐标点、图幅号等的定位。

② 综合查询。

综合查询可将某一数据库内的图元以图形属性为条件进行检索并输出结果。

（5）统计分析。

统计分析基于国土空间规划基础大数据，支持对图形数据进行统计分析，生成对应的数据指标，辅助领导决策，包括合规性检测、辅助项目选址、用地平衡分析、控制线统计等：

① 合规性检测。

合规性检测实现"多规合一"的合规性检测，能导出分析报告。通过选择相应项目位置判定方式、用地类型和审查因子进行分析，在分析结果中默认展示扇形统计图，也可以切换成表格形式来进行展示，还可以生成分析报告文件并导出到本地。

② 辅助项目选址。

辅助项目选址根据用户需求选定满足要求的地块。设置好相应基本条件、行政区、选址范围和高级选址条件，即可进行分析。在返回的结果中，可以定位到相应的地块位置并导出符合选址的 dwg 文件。

③ 用地平衡分析。

用地平衡分析实现"多规合一"城乡用地平衡和城市建设用地平衡分析,导出分析报告。

④ 控制线分析。

控制线分析实现"多规合一"控制线统计,导出分析报告。

2. 项目策划生成子系统

项目策划生成子系统主要对建设项目通过"项目发起→项目协调→前期服务"的流程解决项目空间冲突,落实项目选址范围,开展项目前期服务,为工程建设项目审批改革压缩时间奠定基础。"多规合一"信息平台通过载入项目范围线,分析建设项目的规划符合情况,自动生成合规性检测报告,同时批转给相关部门,进行建设项目的多部门联审,汇总意见,出具建设项目生成意见;策划生成通过的项目完成项目立项,将其信息转入合规项目库;审批未通过的项目则需重新回到储备库申请策划。项目策划生成的项目通过策划代码和工程建设项目审批管理平台进行关联,实现前期服务的项目材料转化成工程建设项目审批的必备材料,而无需建设单位进行提交。

项目策划生成子系统系统功能结构图如图 8.2 所示。

(1)项目储备。

在项目申报阶段,创新项目计划生成方式建立了带空间范围的项目计划生成全新模式。该阶段通过单个登记和根据模板批量导入的方式录入项目信息,实现所有项目计划必须带初步选址范围进行申报。项目申报的主要目的是为了解决两个问题:一是解决发展规划与空间规划对年度项目计划的统领问题;二是改变传统项目计划生成阶段缺乏空间位置,导致难以进行空间协调的问题。项目储备的相关事项主要包括:

① 项目登记。

用户对于单个项目可在系统中进行手动选择和填写项目基本信息,保存项目到项目储备库。

② 项目批量导入。

对于单个或多个项目,用户可使用系统的统一导入功能导入项目的相关信息,前提是项目信息需要按照系统制定的表格填写录入,将填写完整的项目表格统一导入到系统储备库。

③ 项目导出。

用户可以在系统项目策划生成的项目储备库中导出项目基本信息表格。

(2)项目发起。

项目的行业主管部门以及园区部门完善所要推进项目的相关文档、图纸、图片等附件资料,可上传至系统,方便用户获取项目的完整信息,支持项目附件的在线浏览、下载、输出等操作,完成后批转到自然资源部门的用途管理科。

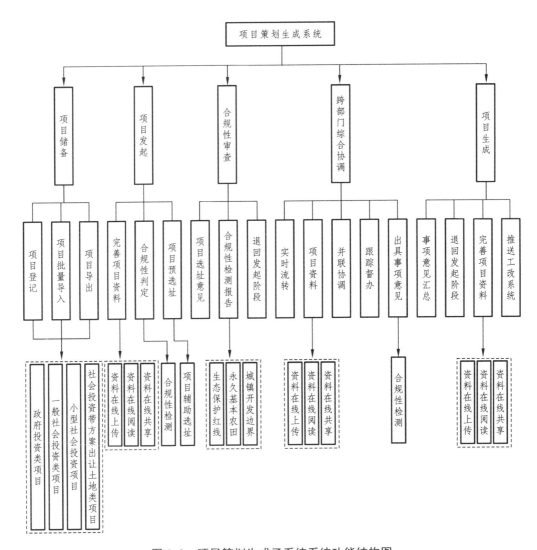

图 8.2　项目策划生成子系统系统功能结构图

　　行业主管部门或园区部门需要补充计划中的项目信息，提供项目的范围线。如果用户没有提供项目范围线，可以通过系统上的辅助选址功能做一个初步的项目选址并提交到项目资料中的范围线，完善项目信息和所需资料后方可转批到自然资源部门。

　　（3）合规性审查。

　　自然资源部门对被发起的项目进行范围线的三线的合规性审查，判断是否合规以及提出项目选址和用地预审意见，对合规的项目进行批转到其他行业部门进行出具项目建设条件和意见。

　　针对建设项目的范围，合规性审查的内容主要包括：

　　① 检查其是否符合国土空间规划的管控要求。

　　② 检查其是否符合其他专项规划的相关要求。

　　③ 确定项目空间合规性。

④ 实现项目边界比对各类控制线的一键检测。

⑤ 生成合规性审查报告并可导出。

⑥ 审查历史记录，是否实现统一管理、可追溯、可查看。

⑦ 为用地预审、转用审批等提供应用支撑。

（4）跨部门综合协调。

跨部门综合协调是为了解决项目落地空间管控以及各项建设条件综合协调问题。采用跨部门综合协调，可以快速实现如下工作内容：

① 联合会签。

在项目策划过程中实行跨部门协调，可以实现跨部门的联合会签。各部门进行项目预审批，出具本部门预审批意见。各部门回复后，由牵头单位将多部门对项目的意见信息进行汇总，统计项目预审批结果。实现跨部门协调可以实现并联审批，缩短协同时间，加快项目落地。

② 项目入库。

针对策划生成后的项目，实现项目的各项基本信息及预审批结果的入库。这些项目作为重要的、成熟的项目资源，可快速地进入工程建设项目审批阶段。

③ 成果共享。

策划生成过程中各部门反馈的项目批复、材料、意见函等成果，可推送到项目联合审批各部门直接共享。

（5）项目生成。

完成项目协调后，为进一步提高后续行政审批效能，加快项目落地建设，在项目进入正式审批前以政府职能部门为主体来启动项目前期服务。

启动项目的前期服务主要包括用地预审、选址意见以及其他相关事项，具体可实现哪些前期服务由各市县根据本地实际情况进行确定。完成前期服务的项目进入到项目库。前期服务阶段主要解决项目地块尤其是划拨用地的空间冲突、技术指标定性定量等方面的问题，为工程建设项目审批制度改革进一步压缩时间奠定基础。

（6）项目台账管理。

项目台账管理以建设项目数据为依据，按照重点项目、建设项目、延期项目等分类方式进行项目统计，统计结果以柱状图、饼状图、线状图、面积图和表格等图表形式来呈现统计结果，为后续项目建设提供数据支持和指引。

① 项目信息台账。

项目信息台账以建设项目数据为依据，按照重点项目、建设项目、延期项目等分类方式进行项目统计，统计结果以柱状图、饼状图、线状图、面积图和表格等图表形式来呈现统计结果，为后续项目建设提供数据支持和指引。

② 多规协调结果台账。

多规协调结果台账在多规项目实施过程中，针对矛盾图斑、地块位置、地块属性、参与过程、项目结果等进行智能分析与统计，支持创建用地协调台账，跟踪记录协调过程中的处理意见、决策记录及其他关联信息，以图表的形式展现。

③ 用地台账。

用地台账可对规划成果数据与项目建设情况进行统计分析，梳理出规划现状，摸清各类土地的使用情况，建立完备统一的土地资源台账，协助管理者掌握土地存量，有效保障项目落地，为制定土地开发计划和城市发展规划提供科学、量化的信息参考。

3. 国土空间基础信息子系统

国土空间基础信息子系统整合"时空大数据地理信息平台"的跨部门数据服务、基础服务和接口服务等相关功能，建设并完善支撑"多规合一"业务协同和"一张图"实施监督管理系统，建设所需的国土空间基础信息子系统功能模块，全面支撑国土空间规划的实时计算、大数据空间分析等基础功能需求，为"多规合一"业务协同平台建设一张图、项目策划生成和业务协同提供数据服务支撑和技术保障。国土空间基础信息子系统包含首页、在线地图、资源中心、应用中心、新闻中心、我的资源、开发中心、大数据分析、运行监测等功能。

（1）首页。

首页是整个国土空间基础信息子系统各功能模块的快速访问入口，可以统计系统的运行情况如服务总量、数据总量、今日访问量、累计访问量、用户在线人数等，实现系统服务支撑应用情况和应用开发案例的展示和快速链接访问。

（2）在线地图。

在线地图是指汇聚国土空间基础信息数据以实现一张精准空间落图，形成层层叠加的国土空间基础信息"一张图"，提供多种浏览方式和地图基础操作、搜索、目录管理、数据标注、数据上图、大数据分析、图层管理、属性查询、地图对比、卷帘、底图切换等功能，增强数据表现力、提升数据可用性，更好地支撑和服务数据资源一张图掌握及各业务应用可视化和可量化管理工作。

（3）地图基础操作。

地图基础操作功能提供对资源数据的展示，各类数据叠加浏览等功能，包含地图基本操作功能，包括放大、缩小、平移、框选、一键全图、清除图面标绘等功能。

（4）搜索。

搜索功能可以实现对关键字的模糊查询。

（5）数据目录。

数据目录将数据服务按照数据领域、行政区划、来源部门进行自定义配置，实现数据多类型、灵活管理。

（6）数据标注。

数据标注功能是指在地图空间中对矢量要素点、线、面进行标绘，实现要素空间落图和叠加展示，将标注的要素进行保存。

（7）数据上图。

数据上图功能实现客户端计算机矢量数据（*.shp 格式）的上传，可以叠加到地图中进行空间落图。

（8）分析。

分析功能是指提供标绘功能以达到在地图中绘制分析范围的目的。通过设置分析条件选取分析数据项并设置分析因子，添加分析规则，实现空间数据分析和可视化展示。

（9）时空。

时空功能是指设定时间轴以实现历史影像数据的时空展示。

（10）图层管理。

图层管理功能包含图层透明度调节、清除已经叠加图层等功能，实现对图层叠加显示效果的管理。

（11）测量工具。

测量工具提供地图距离测量和面积测量功能，可在地图中测量距离和面积。

（12）属性查询。

属性查询功能是指查询图层中某个图斑的具体属性，以窗口形式进行展示。

（13）地图对比。

地图对比功能可以对同一区域不同时期的数据进行分屏同步比对，查看数据的变化情况，分析数据之间的差异。

（14）卷帘。

卷帘工具可以采用交互方式显示被卷帘图层下方的图层，以对比查看时空数据。

（15）在线制图。

在线制图功能是指用户根据需求叠加相应数据图层信息，缩放至相应比例后一键生成制图图件并存放到本地。

4. 应用中心

应用中心与资源中心联动，可以实现服务注册、服务监测管理和动态发布。

（1）服务注册。

服务注册可以新增数据服务、功能服务和接口服务。与管理功能联动，用户可通过服务注册功能新增相应的服务，形成新增的数据、功能和接口服务台账，将新增的服务数据分类推送给资源中心，实现服务的动态新增和实时更新。

① 新增服务。

新增服务可新增数据服务、功能服务和接口服务，包含录入服务基本信息、设定服务权限、添加请求参数和添加返回参数等。

② 台账管理。

台账管理是指对新增数据服务、功能服务和接口服务的台账进行管理，提供搜索查询、服务编辑和删除等功能。

（2）目录管理。

目录管理对数据目录进行管理，用户可根据需求自定义数据目录，包含一级目录、二级目录、三级目录的新增、修改和删除，同时可添加资源中心的数据服务到相应目录级别下。

（3）应用管理。

应用管理对调用国土空间基础信息子系统资源服务的第三方应用进行台账管理，可新增第三方应用基本信息，包含应用编号、应用名称、注册时间、应用状态等基本信息，同时能一键打开应用。

（4）动态更新。

动态更新功能与新闻中心联动，通过动态更新发布新闻动态，在新闻中心实时更新。

① 新增动态。

新增动态包含添加动态主题、选择动态类型、文字编辑、排版布局以及添加图片附件等功能。

② 动态管理。

动态管理是指对新增的动态信息进行台账管理，提供搜索查询、编辑和删除等功能。

5. 大数据分析

结合可视化挖掘分析技术，集成地图、数据表格、分类计算、动力图、热力图等，选取土地资源数据和人口数据建立时空大数据的深度挖掘分析，在地图中可按照行政区划和任意范围的数据空间分析，帮助用户快速探索并揭示数据背后的知识和规律。

（1）土地利用现状分析。

① 三大地类统计。

三大地类统计功能可以对农用地、建设用地和未利用地面积进行统计分析，以饼状图展示统计结果。

② 各地类面积统计。

各地类面积统计功能可以统计三大地类中各地类的面积，以柱状图展示统计结果。

③ 人均建设用地面积情况。

人均建设用地面积情况功能可以统计各县（市）人均建设用地情况，统计结果以曲线图展示。

④ 主要建设用地对比。

主要建设用地对比功能可以对各县（市）建设用地中工矿用地、商业用地、住宅用地、交通运输用地等进行统计分析，统计结果以曲线图展示。

⑤ 区域选择。

区域选择功能根据用户需求可以选择相应县（市）对各地类占比、各地类面积和人均建设用地进行统计分析。

⑥ 绘制区域。

绘制区域功能根据用户需求可以自定义绘制需要统计分析的目标区域，对三大地类、各地类占比、各地类面积和人均建设用地进行统计分析。

⑦ 清除绘制区域。

清除绘制区域功能可以一键清除绘制区域。

⑧ 图表可视化。

图表可视化功能可以对统计分析结果以饼状图、柱状图、曲线图等形式进行可视化展示。

（2）人口分析。

① 区域选择。

区域选择功能可以根据用户需求选择相应县（市）对街道办事处、乡镇的人口规模进行统计分析。

② 人口规模。

人口规模功能可以对各县（市）的街道办事处、乡镇的人口数量进行统计分析，分析结果以柱状图展示。

③ 人口比例分布。

人口比例分布功能可以对各县（市）人口比例进行统计分析，分析结果以饼状图展示。

④ 各县市人口统计。

各县市人口统计功能可以对各县（市）人口数量进行统计分析，分析结果以柱状图展示。

⑤ 图表可视化。

图表可视化功能可以对统计分析结果以饼状图、柱状图进行可视化展示。

6. 系统接口

为了使平台应用效果最大化，平台建设过程中将充分考虑数据接口建设。在遵循国家、地方及行业相关标准规范的基础上，建立满足"多规合一"业务协同平台的接口规范，预留与各级（省、州、县）政府已有系统以及各职能部门相关系统的数据交换标准对接接口，实现与各级政府的纵向信息传递，以及与发改、住建、生态环境、林业等职能部门的横向数据联动，做到规划实施审批过程、审批结果实时传送。系统接口关系图如图 8.3 所示。

（1）纵向接口。

多规合一业务协同平台的建设不是孤立的，需要预留接口实现与省级相关平台的对接，推动空间规划数据、审批信息数据与省级平台的互联互通，形成"省级、市级、县级"的信息联动共享机制，推动空间统筹和协调治理能力提升，增强空间规划管理工作的科学性。

（2）横向接口。

为实现审批数据的实时共享，加强信息互联互通，本项目预留接口，一方面实现平台与工程建设项目审批管理系统等对接，在国家、省级监管入口中可以联动看到项目的具体位置以及符合当地空间规划及相关专项规划的情况。另一方面可以实现平台与本级其他业务部门相关平台的对接，获取相关专题数据。

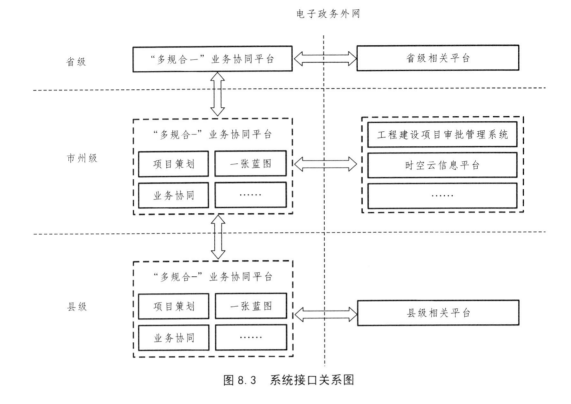

图 8.3   系统接口关系图

8.1.3   数据库标准

1. 数据库内容和要素分类

"多规合一"业务协同平台数据库内容包括基础地理信息要素、分析对比信息要素、空间规划信息要素、国土空间管理要素。要素编码按国家相关标准执行，无标准的则不再进行编码。

2. 空间要素组织管理

"多规合一"业务协同平台数据库采用分层的方法进行组织管理，图层名称、几何特征及属性的描述见表 8.1。

表 8.1   "多规合一"业务协同平台数据库部分要素图层

序号	图层分类	图层名称	几何特征	属性表名	约束条件	备注
1	基础地理信息要素	行政区划	面	JC_XZQH	M	扩展到行政村级
2		地名地址	点	JC_DMDZ	M	
3		遥感影像		JC_YGYX	M	
4		天地图		JC_TDT	M	
5	分析对比信息要素	土规、城规差异	面	FX_TGCGCY	M	

续表

序号	图层分类		图层名称	几何特征	属性表名	约束条件	备注
6	空间规划信息要素	三条控制线	生态保护红线	面	KJ_STBHHX	M	《生态保护红线划定指南》
7			基本农田	面	KJ_JBNTBHTB	M	《基本农田数据库标准》
8			城镇开发边界	面	KJ_CZKFBJ	C	
9		发改部门	主体功能区规划分区	面	KJ_ZTGNQGH	M	
10		自然资源部门	土地利用现状地类图斑	面	KJ_DLTB	M	最新年度
11			土地规划地类	面	KJ_TDGHD	M	
12			建设用地管制区	面	KJ_JSYDGZQ	M	乡级
13			城市总体规划用地	面	KJ_CSZTGHYD	M	市、县级城市总体规划
14			控制性详细规划用地	面	KJ_KZ1965.21GHYD	M	
15		环保部门	饮用水源保护区	面	KJ_YYSYBHQ	M	
16			自然保护区	面	KJ_ZRBHQ	M	
17		住建部门	风景名胜区	面	KJ_FJMSQ	M	
18		文物部门	面状历史文化保护	面	KJ_LSWHBHMZ	C	
19			点状历史文化保护		KJ_LSWHBHDZ	C	
20		林业部门	现状林地	面	KJ_XZLD	M	
21			现状湿地	面	KJ_XZSD	M	8公顷以上湿地
22			生态公益林	面	KJ_STGYL	M	
23			森林公园	面	KJ_SLGY	M	
24			湿地公园	面	KJ_SDGY	M	
25		水利部门	水功能区划	面	KJ_SGNQH	C	
26		交通部门	现状道路中心线	线	KJ_XZLW	M	
27			规划道路中心线	线	KJ_GHLW	M	
28			交通设施	面	KJ_JTSS	C	
29	国土空间管理要素	建设用地	批地（城镇、工业、单独选址）	面	GT_PD	M	
30			供地（划拨、出让）	面	GT_GD	M	
31		矿产资源	采矿权（省级、州级、县级发证）	面	GT_CKQ	M	
32		遥感督查	卫片执法监测图斑	面	GT_WPZFJCTB	M	

注：约束条件指该字段取值的约束条件，"M"表示必填、"C"表示条件必填、"O"表示可填，下同。

空间要素属性数据结构主要包括：

（1）行政区划要素属性结构。

行政区划要素属性结构描述表如表 8.2 所示。

表 8.2   行政区划要素属性结构描述表

序号	字段名称	字段代码	字段类型	字段长度	值域	约束条件
1	标识码	BSM	Int	10	>0	M
2	要素代码	YSDM	Char	10		M
3	要素名称	YSMC	Char	20		M
4	行政区代码	XZQDM	Char	12	见注 1	M
5	行政区名称	XZQMC	Char	100	非空	M
6	备注	BZ	Char	255		O

（2）地名地址要素属性结构。

地名地址要素属性结构描述表如表 8.3 所示。

表 8.3   地名地址要素属性结构描述表

序号	字段名称	字段代码	字段类型	字段长度	值域	约束条件
1	标识码	BSM	Int	10	>0	M
2	要素代码	YSDM	Char	10		M
3	要素名称	YSMC	Char	20		M
4	行政区代码	XZQDM	Char	12		M
5	行政区名称	XZQMC	Char	100	非空	M

（3）土规、城规差异图斑要素属性结构。

土规、城规差异图斑要素属性结构描述表如表 8.4 所示。

表 8.4   土规、城规差异图斑要素结构描述表

序号	字段名称	字段代码	字段类型	字段长度	值域	约束条件
1	标识码	BSM	Int	10	>0	M
2	要素代码	YSDM	Char	10		M
3	要素名称	YSMC	Char	20		M
4	行政区代码	XZQDM	Char	12	非空	M
5	行政区名称	XZQMC	Char	100	非空	M
6	土规用地类型编码	TGYDLXBM	Char	10		M
7	土规用地名称	TGYDMC	Char	20		M
8	城规用地代码	CGYDDM	Char	10		M
9	城规用地名称	CGYDMC	Char	20		M

续表

序号	字段名称	字段代码	字段类型	字段长度	值域	约束条件
10	差异类型	CYLX	Char	100	见值域表2	M
11	差异面积	CYMJ	Float	20		M
12	处理建议	CLJY	Char	16		O
13	备注	BZ	Char	255		O

（4）生态保护红线属性结构。

生态保护红线属性结构描述表如表 8.5 所示。

表 8.5　生态保护红线属性结构描述表

序号	字段名称	字段代码	字段类型	字段长度	值域	约束条件
1	标识码	BSM	Int	10	>0	M
2	要素代码	YSDM	Char	10		M
3	要素名称	YSMC	Char	20		M
4	行政区代码	XZQDM	Char	12	非空	M
5	行政区名称	XZQMC	Char	100	非空	M
6	类型	LX	Char	3	见值域表3	M
7	面积	MJ	Float	16	>0	M
8	管控要求	GKYQ	Char	255		O
9	规划期限	GHQX	Char	20	非空	M
10	备注	BZ	Char	255		O

（5）基本农田属性结构。

基本农田属性结构描述表如表 8.6 所示。

表 8.6　基本农田属性结构描述表

序号	字段名称	字段代码	字段类型	字段长度	值域	约束条件
1	标识码	BSM	Int	10	>0	M
2	要素代码	YSDM	Char	10		M
3	基本农田图斑编号	JBNTTBBH	Char	20	非空	M
4	图斑编号	TBBH	Char	8	非空	M
5	地类编码	DLBM	Char	4	非空	M
6	地类名称	DLMC	Char	60	非空	M
7	权属性质	QSXZ	Char	2		M
8	权属单位代码	QSDWDM	Char	19	非空	M
9	权属单位名称	QSDWMC	Char	60	非空	M

续表

序号	字段名称	字段代码	字段类型	字段长度	值域	约束条件
10	座落单位代码	ZLDWDM	Char	19	见本表注4	M
11	座落单位名称	ZLDWMC	Char	60	非空	M
12	耕地类型	GDLX	Char	2	见本表注5	C
13	基本农田类型	JBNTLX	Char	1	见表30	M
14	质量等级代码	ZLDJDM	Char	2	见表29	M
15	坡度级别	PDJB	Char	2	见表31	M
16	扣除类型	KCLX	Char	2	见本表注6	O
17	扣除地类编码	KCDLBM	Char	4	非空	O
18	扣除地类系数	TKXS	Float	5	>0	O
19	线状地物面积	XZDWMJ	Float	15	≥0	O
20	零星地物面积	LXDWMJ	Float	15	≥0	O
21	扣除地类面积	TKMJ	Float	15	≥0	O
22	基本农田图斑面积	TBMJ	Float	15	>0	M
23	基本农田面积	JBNTMJ	Float	15	≥0	M
24	地类备注	DLBZ	Char	2	非空	O

注：（1）序号4-11字段属性值从土地利用数据库中地类图斑层提取；若地类图斑界线与基本农田保护片（块）界线重合，序号12-21字段属性值由计算机根据空间位置关系从土地利用数据库中地类图斑层直接提取；若基本农田保护片（块）界线分割地类图斑，被分割的图斑序号12-21字段属性值通过分割处理，按照《土地调查数据库更新技术规范》规定的方法重新计算后生成。

（2）"基本农田图斑编号"由"保护片（块）编号+基本农田图斑（4位数字顺序码）"组成，以保护片（块）为单位，按从上到下，从左到右的顺序编号，下同。

（3）"图斑编号"为土地利用数据库中地类图斑层中的图斑编号，不另行编号。

（4）"座落单位代码"指该基本农田图斑实际座落单位的代码，当该基本农田图斑为飞入地时，实际座落单位的代码不同于权属单位的代码。

（5）当地类为梯田耕地时，耕地类型填写"TT"，为坡地时，填写"PD"。

（6）"扣除类型"指按田坎系数（TK）、按比例扣除的散列式其他非耕地系数（FG）或耕地系数（GD）。

（7）"线状地物面积"指该基本农田图斑内所有线状地物的面积总和。

（8）"扣除地类面积"：当扣除类型为"TK"时，扣除地类面积表示扣除的田坎面积；当扣除类型不为"TK"时，扣除地类面积表示按比例扣除的散列式其他地类面积。

扣除地类面积=（基本农田图斑面积-线状地物面积-零星地物面积）*扣除系数

（9）"基本农田图斑面积"指用经过核定的基本农田图斑多边形边界内部所有地类的面积（如基本农田图斑含岛、孔，则扣除岛、孔的面积）。

（10）"基本农田面积"（即"基本农田图斑地类面积"或"基本农田图斑净面积"）=基本农田图斑面积-扣除地类面积-线状地物面积-零星地物面积。

（11）从土地利用数据库中地类图斑层"地类备注"字段提取属性值。

（6）城镇开发边界属性结构。

城镇开发边界属性结构描述表如表 8.7 所示。

表 8.7　城镇开发边界属性结构描述表

序号	字段名称	字段代码	字段类型	字段长度	值域	约束条件
1	标识码	BSM	Int	10	>0	M
2	要素代码	YSDM	Char	10		M
3	要素名称	YSMC	Char	20		M
4	行政区代码	XZQDM	Char	12	非空	M
5	行政区名称	XZQMC	Char	100	非空	M
6	面积	MJ	Float	16	2	>0
7	管控要求	GKYQ	Char	255		
8	规划期限	GHQX	Char	20		非空
9	备注	BZ	Char	255		

（7）主体功能区规划属性结构。

主体功能区规划属性结构描述表如表 8.8 所示。

表 8.8　主体功能区规划属性结构描述表

序号	字段名称	字段代码	字段类型	字段长度	小数位数	值域	约束条件	备注
1	标识码	BSM	Int	10		>0	M	
2	主体功能区代码	ZTGNQDM	Char	10			M	
3	主体功能区代码	ZTGNQMC	Char	20			M	
4	行政区代码	XZQDM	Char	12		非空	C	
5	行政区名称	XZQMC	Char	100		非空	C	
6	规划分区	LX	Char	3		见值域表 5	M	
7	面积	MJ	Float	16	2	>0	M	单位：公顷

（8）土地利用现状地类图斑属性结构。

土地利用现状地类图斑属性结构描述表如表 8.9 所示。

表 8.9　土地利用现状地类图斑属性结构描述表

序号	字段名称	字段代码	字段类型	字段长度	值域	约束条件
1	标识码	BSM	Int	10	>0	M
2	要素代码	YSDM	Char	10		M
3	图斑预编号	TBYBH	Char	8	非空	O
4	图斑编号	TBBH	Char	8	非空	M

序号	字段名称	字段代码	字段类型	字段长度	值域	约束条件
5	地类编码	DLBM	Char	4	见本表注 1	M
6	地类名称	DLMC	Char	60	见本表注 1	M
7	权属性质	QSXZ	Char	3	见表 35	M
8	权属单位代码	QSDWDM	Char	19	见本表注 3	M
9	权属单位名称	QSDWMC	Char	60	非空	M
10	座落单位代码	ZLDWDM	Char	19	见本表注 3	M
11	座落单位名称	ZLDWMC	Char	60	非空	M
12	耕地类型	GDLX	Char	2	见本表注 7	O
13	扣除类型	KCLX	Char	2	见本表注 8	O
14	地类备注	DLBZ	Char	2		O
15	耕地坡度级	GDPDJ	Char	2		O
16	扣除地类编码	KCDLBM	Char	4	见本表注 1	O
17	扣除地类系数	TKXS	Float	5	>0	O
18	图斑面积	TBMJ	Float	15	>0	M
19	线状地物面积	XZDWMJ	Float	15	≥0	O
20	零星地物面积	LXDWMJ	Float	15	≥0	O
21	扣除地类面积	TKMJ	Float	15	≥0	O
22	图斑地类面积	TBDLMJ	Float	15	≥0	M
23	批准文号	PZWH	Char	50	非空	O
24	变更记录号	BGJLH	Char	20	非空	O
25	变更日期	BGRQ	Date	8	YYYYMMDD	O

（9）土地规划地类属性结构。

土地规划地类属性结构描述表如表 8.10 所示。

表 8.10　土地规划地类属性结构描述表

序号	字段名称	字段代码	字段类型	字段长度	值域	约束条件
1	标识码	BSM	Int	10	>0	M
2	要素代码	YSDM	Char	10	见表 1	M
3	图斑编号	TBBH	Char	8	非空	O
4	规划地类名称	GHDLMC	Char	30	非空	M
5	规划地类面积	GHDLMJ	Float	16	>0	M
6	说明	SM	Char	200	非空	O

（10）建设用地管制区属性结构。

建设用地管制区属性结构描述表如表 8.11 所示。

表 8.11　土地规划地类属性结构描述表

序号	字段名称	字段代码	字段类型	字段长度	小数位数	值域	约束条件	备注
1	标识码	BSM	Int	10		>0		M
2	要素代码	YSDM	Char	10		见表 1	M	
3	管制区类型代码	GZQLXDM	Char	3		见表 43	M	
4	管制区面积	GZQMJ	Float	16	2	>0		M
5	说明	SM	Char	200		非空	O	

（11）城市总体规划用地属性结构。

城市总体规划用地属性结构描述表如表 8.12 所示。

表 8.12　城市总体规划用地属性结构描述表

序号	字段名称	字段代码	字段类型	字段长度	值域	约束条件
1	标识码	BSM	Int	10	>0	M
2	要素代码	YSDM	Char	10		M
3	要素名称	YSMC	Char	20		M
4	行政区代码	XZQDM	Char	12	非空	M
5	行政区名称	XZQMC	Char	100	非空	M
6	用地性质代码	YDXZDM	Char	10	非空	M
7	用地性质名称	YDXZMC	Char	20		M
8	CAD 图层名称	CADTCMC	Char	20		M
9	用地面积	YDMJ	Float	16	>0	M
10	规划期限	GHQX	Char	20		M
11	备注	BZ	Char	255		O

（12）控制性详细规划用地属性结构。

控制性详细规划用地属性结构描述表如表 8.13 所示。

表 8.13　控制性详细规划用地属性结构描述表

序号	字段名称	字段代码	字段类型	字段长度	值域	约束条件
1	标识码	BSM	Int	10	>0	M
2	要素代码	YSDM	Char	10		M
3	要素名称	YSMC	Char	20		M

序号	字段名称	字段代码	字段类型	字段长度	值域	约束条件
4	行政区代码	XZQDM	Char	12	非空	M
5	行政区名称	XZQMC	Char	100	非空	M
6	所在控规名称	SZKGMC	Char	100	非空	C
7	地块编号	DKBH	Char	100	非空	M
8	用地性质代码	YDXZDM	Char	10		M
9	用地性质名称	YDXZMC	Char	20		M
10	CAD 图层名称	CADTCMC	Char	20		M
11	第二位用地性质代码	DEWYDXZDM	Char	10		O
12	第二用地性质名称	DEWYDXZMC	Char	20		O
13	净用地面积	JYDMJ	Float	16	>0	M
14	总用地面积	ZYDMJ	Float	16	>0	M
15	容积率	RJL	Float	16		M
16	建筑密度	JZMD	Float	16		M
17	建筑限高	JZXG	Float	16		M
18	绿地率	LDL	Float	16		M
19	出入口方位	CRKFW	Char	20		C
20	配套设施	PTSS	Char	100	见值域表 6	O
21	备注	BZ	Char	255		O

8.1.4 数据资源体系建设

1. 数据标准化处理流程

在原有时空大数据平台数据基础上，一是完善补充自然资源基础底板数据；二是以组织机构改革为契机，补充相关的行政管理数据。从而形成组织有序的大数据资源体系，建立共享开放的数据应用服务。

对已有数据成果，通过服务调用的方式进行应用，避免数据重复建设；对新增数据成果，通过数据库直连的方式进行应用，提高系统运行效率。具体的数据处理、应用流程及方式如图 8.4 所示。

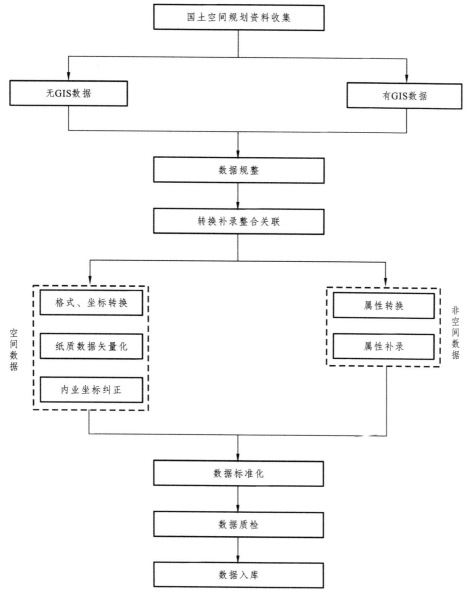

图 8.4　数据标准化处理流程示意图

2. 数据建库

数据建库要按照规范规定的要素组成、技术指标、组织方式、属性结构等进行，建立的数据库包括基础地理信息要素、分析对比信息要素、空间规划要素等内容，集图形、属性、文档、表格等内容于一体。

"多规合一"数据整合的总体目标是为了统筹整个地区的国土空间规划成果，建立"多规合一"基础信息库。严格按照数据标准规范体系要求，立足现有基础，在整个地区范围内开展自然资源、生态环境、水利和林业等一张图数据的汇交、规整和建库工作，建成整个地区"多规合一"基础信息库，统筹整合各类规划，划定各类控制线，形成协调一致、全域管控的空间数据体系，构建"多规合一"一张图。

3. 总体技术路线及流程

根据数据标准要求，对汇交的空间数据和非空间数据进行坐标转换、编码转换、属性信息完整性检测、入库成果质检等，数据检查合格后进行数据入库。数据整合与处理流程如图 8.5 所示。

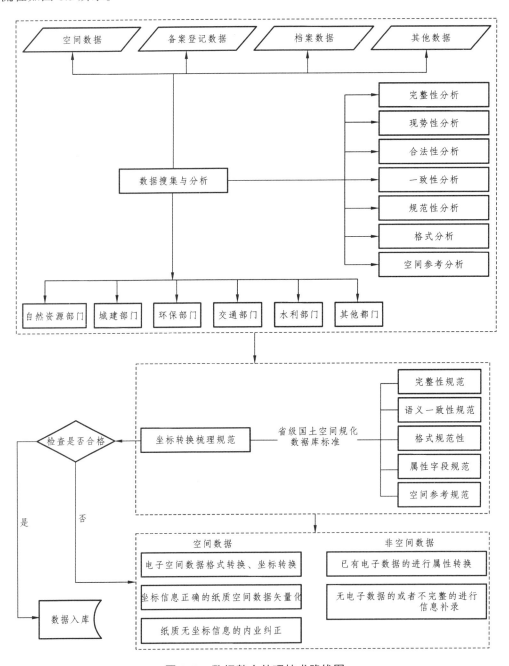

图 8.5　数据整合处理技术路线图

4. 数据入库

数据入库的要求主要包括:

(1) 按分层规则重新分层。

① 按照分层规则创建新层,每层按照命名规则命名。

② 按分层规则提取 CAD 中需要转换的要素到对应的新层中,滤掉不需要转换的信息等。

(2) 数据预处理。

① 根据拓扑关系规则,利用图层清理、拓扑构建等工具对图形要素进行处理并构建拓扑关系,使 CAD 图形要素能与 GIS 要素一一对应并要求要素间符合拓扑关系的要求,以便于图形输出。

② 对于每一类要素进行属性连接,附加已定义的属性表,添加每个要素对应的属性内容。

(3) 按图层输出矢量数据和属性数据。

输出的矢量文件名按照 GIS 图层名称命名。在 ArcMap 中检查输出的数据以及修改后的空间数据和属性数据,确保数据的正确性、属性数据的无遗漏。CAD 转 GIS 数据流程如图 8.6 所示。

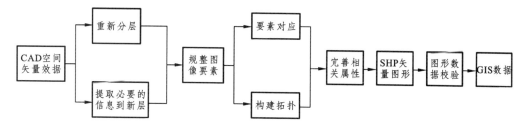

图 8.6　CAD 转 GIS 数据流程示意图

5.“多规合一”数据资源建库

为支市县的“多规合一”业务协同平台的建设,现阶段应以基础地理信息数据为基础,整合基本农田、生态红线、城市开发边界、土地利用总体规划、城市总体规划等规划,逐步融合林业、水利、交通、农业、环保等各部门专项规划,形成覆盖全州、内容丰富、标准统一的“一张蓝图”数据库。服务于多部门业务协同工作,最后为实现全域覆盖、全要素管控打下基础。由于协同平台布置在政务外网,“多规合一”数据需符合数据安全管理的规定方可发布,同时考虑到规划成果的时效性及法定性,在现阶段协同审批所需核心数据,后续则根据新编空间规划成果不断完善。“多规合一”业务协同平台数据目录表详见表 8.14 所示。

表 8.14   "多规合一"业务协同平台数据目录表

序号	一级目录	二级目录	三级目录	备注
1	基础地理信息要素	境界与行政区	县（区）、镇（乡、街道）、村（社区、居委会）的行政区划界线	需要行政区划调整之后的最新数据
2		影像	航空/卫星影像	
3		地名地址		
4	分析对比信息要素	土规、城规差异	城规为建设用地，土规为非建设用地	
5			土规为建设用地，城规为非建设用地	
6			两规均为建设用地	
7			两规均为非建设用地	
8			城总规未覆盖区域	
9	空间规划信息要素	三条控制线	永久基本农田	
10			生态保护红线	三线一单成果
11			城镇开发边界	
12		自然资源部门	主体功能区规划分区	
13			土地利用总体规划	
14			中心城区扩展边界	
15			城市（县城）总体规划	已有
16			控制性详细规划	
17			修建性详细规划	
18			地质灾害隐患点	
19		发改部门	"十三五"建设项目范围红线及资料	
20		生态环境部门	县级以上集中式饮用水水源保护地范围	
21			经批复的饮用水水源地保护区	
22			土壤污染风险管控和修复目录地块（含污染地块空间信息）	信息包括所在县市、地块名称、地址、四至、面积、拟采取措施等属性
23			水环境质量管控分区	三线一单成果
24			大气环境质量管控分区	三线一单成果
25			土壤环境质量管控分区	三线一单成果
26			环境管控单元分布	三线一单成果

续表

序号	一级目录	二级目录	三级目录	备注
27		住建部门	历史文化名城	历史文化街区核心保护区及建设控制地带
28			历史文化名镇（城关镇）	核心保护区及建设控制地带
29		住建部门	历史文化名村	核心保护区及建设控制地带
30		文物部门	不可移动文物分布	
31			文保单位保护范围	
32		农业农村部门	粮食生产功能区	
33			重要农产品生态保护区	
34		人防部门	人防工程现状图	对应省级人防工程现状图
35			人防工程建设总体规划	对应省级人防工程建设总规划
36		交通部门	铁路	高速铁路、普铁
37			公路	高速公路、国道、省道、县道
38	空间规划信息要素		城市道路	
39			重大交通设施	
40			规划道路中心线	
41		气象局	气象探测环境	
42		水利部门	水功能区划	
43			现状水系数据	
44		旅游部门	旅游景区范围	
45		工信部门	产业园区范围	国家级、省级产业园区边界及相关属性
46		林业部门	国家公园	
47			森林公园	
48			自然保护区	
49		林业部门	风景名胜区	
50			世界自然遗产地	
51			湿地公园	
52			地质公园	
53			现状林地	对应省级林地保护利用规划及年度变更数据
54			林地保护利用规划及年度变更数据	
55			现状湿地	

续表

序号	一级 目录	二级目录	三级目录	备注
56	国土空间管理要素	建设用地	批地（城镇、工业、单独选址）	
57			供地（划拨、出让）	
58		矿产资源	采矿权（省级、州级、县级发证）	
59		遥感督查	卫片执法监测图斑	
60			土地利用现状地类图斑	采用已有数据最新年度

8.1.5　支撑环境保障

为保障"多规合一"业务协同平台建设的稳步推进和后期良好、安全的运行维护，一个规范、标准、适用、稳定、安全的基础支撑环境是必不可少的。遵循国家信息安全有关要求，建立纵向对接上下管理部门、横向联通各相关部门的运行环境，满足跨地区、跨部门、跨系统的数据共享和审批应用。本次项目建设将依托政务外网的"电子政务云"提供网络及软硬件支持，不另行采购。

1. 网络环境

"多规合一"业务协同平台将依托电子政务外网进行部署，平台联通本级政务网，服务于各职能部门，实现"多规合一"业务协同。

2. 硬件平台

"多规合一"业务协同平台充分利用现有基础设施资源，建立配套的软硬件环境，保障信息平台稳定运行。两级版平台将全部部署在市级大数据云服务环境。根据平台运行性能等要求，提出如表8.15所示的平台服务器资源清单表。

表 8.15　平台服务器资源清单表

序号	名称	规格	数量
1	应用服务器	操作系统：Windows Server 2012　企业版 CPU：32 核 内存：64G 硬盘：2T	4 台
2	代理服务器	操作系统：Windows Server 2012　企业版 CPU：32 核 内存：64G 硬盘：1T	2 台
3	文件服务器	操作系统：Windows Server 2012　企业版 CPU：16 核 内存：32G 硬盘：30T	1 台

续表

序号	名称	规格	数量
4	数据库服务器	操作系统：Windows Server 2012　企业版 CPU：32 核 内存：64G 硬盘：30T	3 台
5	地图服务器	操作系统：Windows Server 2012　企业版 CPU：64 核 内存：128G 硬盘：10T	3 台

8.1.6　支撑软件

充分利用数据库管理系统、时空云平台等现有基础设施资源，建立配套的软件基础设施环境，保障"多规合一"业务协同平台稳定运行。根据本次项目实际情况，提出如表 8.16 所示的平台服务器资源清单表。

表 8.16　平台服务器资源清单表

序号	名称	规格
1	GIS 企业级平台软件标准版套件	提供标准化套件支撑
2	数据库管理系统	如 CentOS
3	数据备份软件	如 RoseReplicatorPlus

8.1.7　项目质保措施

质量控制的宗旨在于细致审查作业成果，以识别并修正其中可能存在的瑕疵与不足。在数据质量控制的范畴内，此过程涵盖了数据完整性、逻辑连贯性、几何精确性及属性精确性的全面审视。

为确保质量控制的有效实施，需构建专门的质检团队并合理配备人员，同时确立明晰的责任体系与严格的质量保障措施。各级检查人员应秉持严谨态度，深入执行检查工作，对检查内容进行详尽记录。

1. 项目管理体系构建

项目管理体系需要成立项目管理团队，与质量监管专项小组保持密切沟通，对各环节实施深入跟踪，确保问题得以迅速发现与解决。

2. 成果检查机制

成果检查机制采用"三级检查一级验收"制度，确保成果检查贯穿于生产全链条。

作业人员需对各自负责的数据进行自检，由项目技术负责人组织互检。最终，项目检查员对经自检与互检修正后的成果进行全面复核。

对项目研发记录、成果表及图件等提交物，需按照既定的室内检查比例进行严格审查。同时，还需对计算机内存储的数据文件、图形文件、格式、图层及点、线、面状要素进行全面检查，确保所提交数据及项目文档满足业主标准。

3. 项目实施阶段的质量控制

在项目准备阶段，须对全体参与人员进行质量与安全培训及考核，提升全员质量意识。同时，深入了解项目性质、技术要求及质量标准，制定详尽的系统设计、作业方法、工作计划及质量控制措施，做好资源准备、工作计划制定及岗前培训等各项工作。

在数据处理阶段，数据处理人员需严格遵守作业规范，保持高度的责任心与细致的工作态度。质量检查小组及项目技术负责人需对数据质量、处理过程、精度指标及文字报告进行全面审查与校核，确保数据符合入库或提交标准。数据处理人员须根据检查意见进行认真整改，必要时与业主进行核实。

在检查阶段，质量检查人员需依据相关规定对成果进行细致检查，确保抽样符合标准，对发现的问题进行详细记录。对于存在的问题，需责令项目部进行整改，对整改情况进行跟踪验证。同时，需针对检查过程中发现的质量通病与隐患制定纠正与预防措施。过程质检人员需与作业人员同步开展工作，重点关注每道工序的首件产品作业方法与质量，以规范作业人员的操作方法。质量审核小组则需严格依据相关规范与标准对各项成果进行审核与评价，确保项目成果质量符合客观实际。

本项目的核心质量目标在于提高业主的满意度。为实现这一目标，建设单位构建并执行一套严格的两级检查、一级验收质量保障体系，具体措施包括：

（1）组建项目创优领导小组，明确创优目标、规划及实施策略。

（2）强化项目组成员的质量意识教育，提升遵守质量管理规范的自觉性；同时加强职业道德教育，增强工作责任心，确保每位项目组成员均能以严谨态度履行职责，以高质量的工作成果支撑项目整体质量。

（3）深入推行全面质量管理理念，组织小组活动，定期分析潜在的质量问题，实施技术攻关，达到事前预防的目的；依据项目特性，制定并执行科学的质量管理制度，建立严格的岗位质量责任体系，实施奖惩机制，与经济利益直接挂钩。

（4）要求各级技术人员及质量管理人员深入学习并掌握相关技术规范、标准及政策文件，确保其在工作中的有效应用。

（5）充分做好项目启动前的各项准备工作，深入理解项目要求，制定并优化技术方案，精心编制施工组织计划。确保所有作业原始资料均经过严格审核无误后方可使用。

（6）在项目实施过程中，强化工序控制，实施严格的质量监督，主动接受监理单位的监督，确保所有工作均按既定程序执行。

（7）明确分工，确保原始资料的收集、整理、保存及立卷工作得到有效实施。同时，做好调查日记的记录工作，保证项目全过程资料的完整性与真实性，及时整理调查资料，完成技术总结。

（8）在项目实施过程中，严格按照既定的"质量保证体系"执行各项工作，确保项目建设的规范性与高效性。

（9）建立并执行技术交底制度。在项目启动前组织全体成员进行技术交底，在各作业队伍（组）内部进行细化交底，确保责任明确、任务清晰。对于重要内容，除口头交底外，还需进行书面交底。

（10）制定并实施质量奖惩制度，将项目组及作业员的成果质量与经济效益直接挂钩，实行优劳优得原则，及时表彰在质量方面表现优异的小组和个人。

质量检查方法主要包括：

（1）作业组自检。

作业组自检由作业组长负责具体实施。检查内容涵盖内业及现场巡视，针对发现的问题或疑问进行深入检查。

（2）项目质检员专检。

项目质检员专检由项目负责人组织实施。同样关注内业及现场巡视检查，针对内业检查中发现的问题或疑问进行深入复核。

8.1.8 项目成效

"多规合一"业务协同平台的建设，旨在构建以全域"一张图"为依托、"一个平台"为操作基础、"一套机制"为实施手段的工程建设项目策划生成体系。通过该体系，各类规划将得到统筹整合，形成"多规合一"的"一张图"，依次建立"多规合一"的业务协同平台，以加快项目前期策划生成的速度，简化项目审批或核准的流程。建设成效具体包括：

（1）空间管控的统一性得到加强。

通过对各类规划进行统筹管理与全域覆盖，将其有效融合至现有的"数据底版"中，确保了规划数据的持续更新，实现了规划数据的动态管理，从而加强了空间管控的统一性。

（2）项目审批效率显著提升。

通过"多规合一"业务协同平台的建设，有效打破了各部门之间的信息壁垒，对各部门的规划数据进行了统一管理。在项目策划阶段，解决了项目地块的空间规划矛盾等问题，形成了项目策划一张表，有效避免了项目立项难、报建过程烦琐、报批周期长等问题。此外，还促进了跨部门之间的协同预审与信息共享，提高了项目策划的效率，提升了项目审批的效能，显著缩短了项目审批的时间。

（3）工作监管的全面性得到加强。

通过"多规合一"业务协同平台的建设，消除了行政体制机制上的障碍，与工程建设项目审批管理平台等进行了有效对接，实现了对建设项目行政审批的"管家式全程监管"。这一举措进一步提升了政府监管的效能，确保了建设项目的顺利推进。

8.2   智慧林业业务平台

森林资源涵盖了林地及其生长的有机体，以林木为主体，同时包括了林下植物、野生动物和土壤微生物等多种资源。智慧林业则代表了利用云计算、物联网、大数据和移动互联网等前沿信息技术，通过感知化、物联化和智能化手段，构建起一个立体感知、管理高效协同、生态价值显著、服务内外一体化的林业发展新范式。

依据国家林草局发布的《"互联网+"林业行动计划——全国林业信息化"十三五"发展规划》《中国智慧林业发展指导意见》和《全国林业大数据发展指导意见》等指导性文件，我国正加速推动新一代信息技术与林业发展的八大重点领域深度融合，积极促进智慧林业的升级转型。林业信息化已成为林业现代化的基础要求，数字林业向智慧林业的转型升级既是新一代信息技术进步的必然趋势，也是林业现代化发展的必经之路。

目前，物联网、云计算、大数据和下一代移动互联网技术的发展势头迅猛。智慧林业已经成为全国林业建设的重要议题，引领林业信息化建设进入智慧林业的发展轨道。未来，林业将不仅更加注重生态化，也将更加智能化。智慧林业的深入推广势必会引发林业生产力的又一次重大变革，为生态林业和民生林业的发展注入强大动力，为建设生态文明和美丽中国提供坚实的支撑和保障。

8.2.1   平台建设的意义、目标和内容

1. 建设意义

自 20 世纪起，我国经历了两次具有全球影响力的绿色革命。第一次革命发生在农业领域，以生物技术为核心，显著提升了农作物产量，大幅改善了食物供应。第二次革命发生在林业生态领域，依托国家林业生态保护和修复工程，不仅增加了野生动物的食物来源，还扩大了生物群落的栖息地面积，为生物体系的重建、生态系统的修复、生态产品的增产以及生态服务的供给奠定了坚实基础。

（1）生态文明建设的必然选择。

党的十九大以来，我国明确提出了"新四化"和"五位一体"的战略部署，将"信息化"与"生态文明"作为两大发展亮点。党中央和国务院发布的《关于加快推进生态文明建设的意见》和《生态文明体制改革总体方案》强调了绿水青山就是金山银山的理念，号召全党全社会积极行动，持续推进生态文明建设。致力于协同推进新型工业化、信息化、城镇化、农业现代化和绿色化，加速构建人与自然和谐共生的现代化建设新格局，开启社会主义生态文明建设的新时代。在全面建成小康社会决胜阶段，信息化成为发展的目标和路径，生态文明建设成为国家发展的核心。随着生态文明理念的深入人心和信息技术的不断创新，林业正逐步实现生态化和智能化的双重转型。

（2）社会融合发展的关键支撑。

随着科技的不断进步，信息社会已成为社会发展的主流。信息化贯穿于生产生活的各个领域，推动社会向"智慧"方向发展。城市信息社会的快速发展对各行各业产生了深远影响，林业也不例外。林业必须积极融入信息化社会，加快转变发展方式，智能化、一体化、协同化成为林业发展的新趋势。智慧林业的到来是时代发展的必然。

（3）体制转型升级的迫切需求。

近年来，林业信息化有效支撑了林业生态建设，促进了林业产业的发展，引领了生态文化创新，显著提升了林业治理的服务水平。随着森林资源的快速增长，资源管护的压力日益增大，加之投入不足，林业资源保护管理仍以人力为主，现代化技术应用不够广泛，严重制约了林业高质量发展。智慧林业在未来发展中还将面临信息共享和业务协同程度低、新技术应用支撑能力不足、感知体系不完善、数字鸿沟等问题，这些问题不仅限制了林业自身的发展，也影响了林业与国家发展大局的融合。因此，迫切需要加快林业信息化建设，实现林业的智慧化发展。

（4）创新发展的必然选择。

在经济社会进入新常态的背景下，林业建设也进入了数量增速换挡、质量提升的关键转型期。林业必须主动适应新常态，全面深化改革，转变发展方式，实现转型升级。新常态是供给侧结构性改革的新阶段，要求增加林业的多元化投入。现代物联网、云计算、移动互联网、5G 卫星通信等新一代信息技术为林业转型升级提供了重要技术手段。目前，这些技术已在林业基础设施建设、资源监测与管理、政务系统完善、产业发展等方面得到广泛应用，为智慧林业的发展提供了强大动力。通过全面有效的监管，可以实现林业资源和经营状况的实时、动态监测和管理，获取林地、湿地、沙地及生物多样性等基础数据，实现对林业资源与社会、经济、生态环境的综合分析，详细分析造林地块和造林方式，预测和模拟林木生长情况。智慧林业将极大提升林业部门的工作和管理效率，激发全社会参与林业事业的积极性，高效发挥林业的多重价值，满足人民日益增长的生态、经济和社会需求，基于时空大数据平台为智慧林业的发展提供了现实机遇。

2. 建设目标

森林资源作为生物圈不可或缺的资源以及人类生存与发展的物质基础，其科学管理与可持续利用一直是林业工作者的工作重心。这一目标的实现，关键在于如何快速、准确且高效地获取森林资源信息。精确林业并非一门独立的科学，而是一个融合了新时代智能技术的过程，旨在达成森林保护的目标。

精准林业的起点在于森林资源的精准监测。森林资源调查技术体系的完善特别是观测装备与调查技术方法的进步，与科学技术的飞速发展紧密相连。在"互联网+"的时代背景下，构建新一代森林资源调查技术体系的需求日益迫切。

智慧林业作为林业现代化的重要驱动力，正加速推动物联网、移动互联网、大数据等信息网络技术的创新集成应用。通过实施智慧林业战略，深化遥感、定位、通信技术的全面应用，致力于构建天空地一体化的监测预警评估体系。这一体系能够实时掌握林场区域的生态资源状况及动态变化，及时发现并评估重大生态灾害与生态环境损害情况。

此外，智慧林业还促进了森林、湿地、荒漠化土地与野生动植物栖息地调查监测业务与空间技术的深度融合，不断夯实和提升林业信息化的基础支撑能力。这一转变显著提升了林场的智能化水平，使业务开展的实时性、高效性、稳定性和可靠性得到明显增强，从而推动了林业和草原治理现代化水平的持续提升。

3. 建设内容

平台建设内容主要包括：

（1）无人机航飞获取国营林场航拍影像，建设三维实景森林模型。

（2）考察林场内自然条件，设置森林生态监控站，监测各项环境因子，构建生态监测系统。

（3）构建森林防控系统，利用实地采集国营林场林木基础信息，建立林木基础信息数据库。

（4）采用互联网数据与常规实地调查相结合的方法，以航天遥感、GIS、Google Earth等数据为基础，初步获取产品统计资料、旅游收入、气象监测、污染物监测等基础数据。

（5）以卫星遥感影像+DEM构建林业三维实景林地模型。

（6）综合各类多期调查数据和林木基础信息数据库中的实测林木基础数据，建立多元统计生长模型、智能生长模型，完成林地年度蓄积生长量计算与统计、林业2020—2050年森林蓄积量、生物量、碳汇量测计。

（7）对基础数据进行分类核算，获得各类核算指标的评估结果；研究多年GEP评估结果，衡量各区域的生态系统价值优劣以及各生态系统服务对生态系统生产总值的贡献，制作相应的空间分布图；依据各区域不同的社会、经济、生态系统状况，选择适合各区域发展的模式，明确各区域的功能定位，优化经济布局，合理调整产业结构，因地制宜，特色发展。协调生态环境保护与经济社会发展之间矛盾。

（8）根据国营林场林种结构、林龄分布、径阶分布、密度结构、混交比等信息，提出市林业森林结构调控方案与质量提升方略报告，实现人工林精准改造、异龄混交林、成过熟林精准择伐，最大限度地提升林地生态、经济和社会效益。

8.2.2　技术路线

基于时空大数据平台的支撑，本系统实现了对多用户并发访问的支持，包括大数据量和多用户的并发数据访问与修改。单要素属性的修改保存实现了无延迟，空间数据编辑结果的保存速度达到 2～3 s 的快速响应。此外，系统通过自定义逻辑规则，在图形检查、属性检查等不同环节以及在数据录入、数据保存等不同层次上，实现了多环节、多层次的数据质量保障。提交数据后，系统能够实时进行查询、浏览与统计，确保了数据的实时共享。

三维 GIS 技术的应用，将林业资源与基础设施集成整合在电子地图上，直观揭示数据信息规律。本系统提供森林三维信息基础设施、信息平台、信息软件、信息内容服务等，实现林业海量数据的高效存储与计算，为林业管理和相关服务信息化系统提供强有力的技术支撑。

通过运用统计学、模式识别、机器学习、数据抽象等数据分析工具，本系统对采集及收集到的林业数据进行智能分析，为平台提供更优质的服务。

元数据技术是目前实现信息资源整合和信息共享交换广泛采用的技术。本平台采用元数据技术实现数据管理和业务逻辑组织，主要解决数据定位、数据描述、数据访问、数据挖掘、数据共享交换等问题；在业务逻辑组织上，主要解决各业务管理有关技术规程、业务流程等问题；利用元数据技术表达服务、组件、对象之间的访问协议。

1. 小班区划

小班作为森林资源二类调查、统计以及经营、管理的基本单位，其区划需精确标注于地图上。在划分小班时，应优先采用自然区划方法，即将坡度、坡向、坡位、土壤类型等条件相似的区域归为一类小班，这是为了促进相关部门依据实际情况和具体需求实施分类指导、科学组织生产、合理部署任务，避免工作盲目性。同时，有助于全面贯彻林业方针政策，充分发挥优势，改造不利条件，挖掘生产潜力，加速林业建设的发展。

小班区划为科学制定林业发展规划、实现领导科学化和决策科学化提供了坚实基础，有助于充分利用林业资源，推动商品生产的发展。通过提出分区发展方针和科学布局，为森林生产区域化、专业化和现代化创造了有利条件。合理的森林区划不仅简化了林业单位对森林资源数量和质量的统计分析、营造林、技术经济核算等工作流程，还提高了外业调查成果的可靠性和准确性，从而更有效地管理森林资源。

在森林小班区划过程中，需根据林场等森林经营管理对象的区域范围进行规划。区划方式主要分为人工区划、自然区划以及两者结合的综合区划三种方法。选择何种区划方式需依据地区的地形条件而定，平原地区多采用人工区划法；山区则利用自然界线确定林班界线，即自然区划法；丘陵地区多采用综合区划法。

森林区划作为森林资源调查的前期基础工作，其重要性不言而喻。每个小班内部自然特征基本一致，与相邻小班存在显著差异，这些差异主要通过调查因子体现。合理的森林区划使得林长在进行森林资源数量质量统计分析、林火预防与扑救、营林造林管理、森林病虫害防治、技术经济核算等工作时更加便捷高效，同时也提升了外业调查成果的可靠性和准确性，为森林资源的有效管理提供了有力支持。

此外，基于互联网+、遥感覆盖、基础地理信息、土壤、气候气象、微样地信息、固定样地信息以及水文地质信息等多源数据，能够将森林生态系统按照行政管理区域进行自动区划，形成营林区、林班、小班的层次结构。智慧林长系统能够直观反映小班区划情况，便于林长快速查询跟踪所管理小班的状态。

2. 高分辨率卫星遥感影像数据获取及制作

平台将基于 0.3 m 高分辨率的卫星遥感影像数据，采用严谨的区域网平差技术进行影像数据处理，辅以精细的单景纠正技术。结合精确的影像控制测量成果或历史的高精度 DOM 数据，平台将生成高质量的数字正射影像。同时，利用先进的影像融合技术，平台将产出全面且高分辨率的卫星数字正射影像成果。

在数据处理过程中，平台将运用基于集群计算机系统的并行分布式计算模式。此模式不仅能显著提升遥感数据的处理能力，减轻人员工作负担，还能最大化地利用生产单位现有的计算机和局域网资源。通过高度自动化的处理流程，平台能顺利完成影像预处理、自动相对定向、高精度影像匹配、影像数据参数计算及正射影像纠正等关键作业工序。卫星遥感影像生产技术流程如图 8.7 所示。

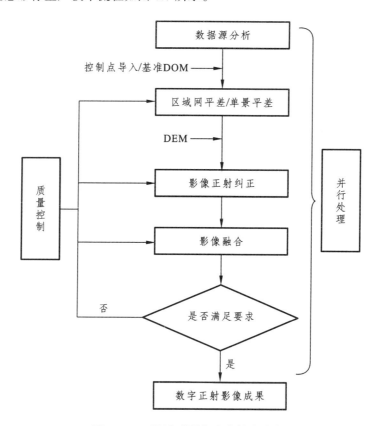

图 8.7 卫星遥感影像生产技术流程

3. 影像控制点采集

为有效缩减项目成本并加速项目实施进程，本项目应致力于全面搜集相关控制资料。若现有控制资料无法满足项目具体需求，则须进行野外控制点的实地采集工作。像控点的测量将采用网络 RTK 技术，对于 CORS 系统信号未能覆盖的区域，将采用其他符合精度标准的常规测量方法作为替代。

在针对卫星影像数据进行区域网平差的过程中，将借助影像匹配技术，从符合精度要求的正射影像资料中精确提取控制点。对于卫星影像数据的处理，根据影像的具体覆盖情况，灵活选择单景独立纠正或区域网平差的方法进行校正。在采用单景纠正方式时，每景影像的控制点数量应不少于 9 个。在实施区域网平差时，每个加密区的控制点数量应至少为卫星影像景数的一半，总数不得低于 9 个。此外，控制点的布设应优先考虑区域网的边缘地带及卫星影像的重叠区域，以确保校正的准确性和有效性。

4. 外参数解算

在进行单景卫星遥感影像的正射纠正过程中，采用 RPC 模型作为确定影像外参数的方法，这一步骤严格依赖于卫星影像所提供的精确 RPC 参数。为了确保正射纠正的精度，选取已有的高分辨率正射影像成果或控制点作为控制源。在自动化处理流程中，首先对卫星影像进行控制点和连接点的自动匹配，随后通过人工介入，进行控制点的精确刺点操作。基于上述自动化与人工结合的匹配结果，执行区域网平差，以此计算并确定影像的外参数。

5. 卫星影像微分纠正

根据给定的参数和数字地面模型，利用相应的构象方程，遵循特定的数学模型，通过控制点解算技术，从原始的、非正射投影的数字影像中生成正射影像。这一过程涉及将影像细分为多个微小区域，以数字方式逐一处理，因此被称为数字微分纠正。

针对影像的具体特性，依据影像的 RPC（Rational Polynomial Coefficients）参数，采用通用的 RFM（Rational Function Model）成像模型。通过同名点和少量控制点的辅助，对多景卫星影像进行单景或区域网平差处理，以获取新的 RPC 文件。此方法不仅能在控制点数量较少的情况下实现较高的定向精度，还能有效提升影像间的接边精度。

在采用区域网方法进行纠正时，通常要求每个加密分区内的影像数量不超过 30 景。若因特殊需求需增加分区内影像数量，则必须进行相应的生产验证并在技术总结中明确说明。同时，还需加大质量检查的力度，以确保处理结果的准确性。

对于单景微分纠正，可省略连接点匹配步骤，直接导入控制点并结合 DEM（Digital Elevation Model）进行影像的正射纠正。

卫星影像微分纠正技术流程如图 8.8 所示。

（1）全色波段影像正射纠正。

在执行全色波段影像的纠正程序时，应确保纠正后的正射影像分辨率与原始影像的地面分辨率保持一致。为实现标准化，纠正操作应以整景为单位进行，采用双线性插值方法进行重采样。在纠正过程中，将严格遵循不进行影像灰度和反差拉伸的原则，以保持影像的原始特性，同时确保像素位数不发生改变。

（2）跨带整景纠正。

在处理单景卫星影像跨越两个投影带的情况时，为确保数据的准确性和完整性，应选定影像分布较为密集的投影带作为整景影像纠正的基准投影带。这一操作遵循了数据处理的基本原则，即优先采用信息更为丰富的数据源，以提高纠正结果的精确度和可靠性。

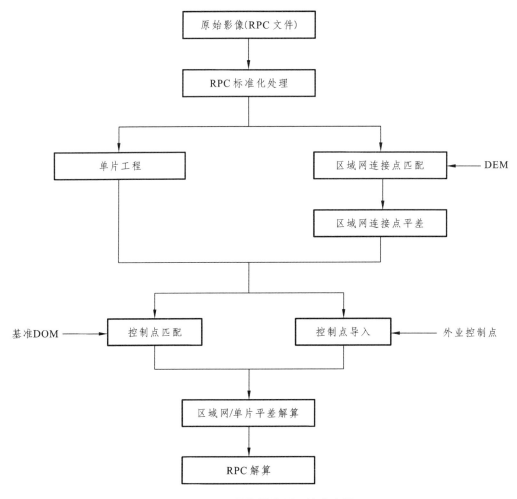

图 8.8　卫星影像微分纠正技术流程

（3）多光谱影像与全色波段影的像配准纠正。

多光谱影像与全色波段影像的配准纠正过程，以已纠正的全色波段影像作为基准进行控制。为了确保融合效果的准确性，纠正操作完成后需实施多光谱影像与全色波段影像的套合检查。在此过程中，两景影像之间的配准精度必须严格控制，不得超出 1 个像素（基于多光谱影像）的误差范围。同时，需确保典型地物及地形特征（如山谷、山脊等）在影像中无重影现象。若精度未能满足上述要求，则需深入探究原因，重新对影像进行纠正处理。在纠正多光谱影像后，其正射影像的分辨率应与原始影像的地面分辨率保持一致，以保证数据的准确性和一致性。

6. 影像融合

影像融合是一个严谨且科学的过程，旨在统一的地理坐标系下将遥感数据通过特定算法生成一组全新的信息或合成图像。本项目所处理的数据源涵盖了可见光与近红外影像光谱信息，这些多源数据在空间、时间、光谱及方向等多个维度上，对同一区域进行了全面覆盖。其中，全色数据以其卓越的空间分辨率著称，而多光谱影像数据则富含多个光谱信息。通过融合这两种数据，旨在实现高分辨率与多光谱数据的完美统一。

在数据融合的方法选择上，遵循科学性与实用性的原则，考虑了包括 HIS 变换、KL 变换、多种金字塔变换、样条变换及小波变换等在内的多种方法。经过综合评估，本项目拟主要采用 PAN SHARP 方法进行融合，以确保融合效果的最优化。融合后的影像在色彩表现上自然且丰富，层次清晰，反差适中，为地物解译提供了更为丰富的信息。同时，影像纹理清晰，无发虚与重影现象，进一步提升了影像的解译精度与信息量。此外，融合后的影像分辨率与全色波段影像分辨率保持一致，确保了数据的连续性与一致性。

7. 图像增强

（1）针对因地形地貌变化引起的正射影像拉伸（拉花）现象，需实施必要的变形处理措施。

（2）在影像增强处理过程中，应力求恢复地物的自然真彩色，严格避免颜色的严重失真，以确保影像的真实性和准确性。

（3）为降低多光谱影像和全色影像因薄雾造成的模糊程度，需进行去薄雾处理，以提升影像的清晰度和可读性。

（4）针对影像的对比度和色彩饱和度，将采用滤波和直方图拉伸的方法进行调整，以优化影像的视觉效果和可读性。

（5）为实现分景或分幅图像的色彩均衡，将采用直方图均衡化和直方图匹配方法，通过非线性对比拉伸重新分配像元值，使一幅图像的直方图与参照图像的直方图相匹配。

（6）在锐化处理过程中，在确保不影响图像专题信息的前提下增强整个图像的清晰度。增强后的影像应满足以下要求：

① 直方图尽量呈正态分布。

② 影像纹理清晰，地物表现力显著增强。

③ 无显著噪声干扰，避免大块花斑或黑白斑遮盖地物，以免影响地物的目视解译效果。

④ 分幅影像色彩应饱和、自然明快，色彩均衡且过渡自然。

8. 镶嵌和裁切

（1）在进行整景影像镶嵌时，必须确保景与景之间的接边处色彩过渡自然，地物接边合理，不出现重影和模糊现象。若镶嵌区域内存在人工地物，应通过手工方式勾画拼接线，以避免对人工地物的破坏，确保镶嵌结果的完整性和合理性。

（2）在选择景与景之间的重叠部分时，应优先考虑影像质量较好且时相较新的影像，以保证镶嵌结果的准确性和时效性。

（3）正射影像接边两侧的色调应尽可能保持一致，以确保影像的连贯性和协调性。色彩调整完成后，正射影像的直方图应大致呈现正态分布，影像清晰度高，反差适中，色彩自然，不存在因过亮或过暗而失去细节的区域。同时，明显的物点应能够准确识别和定位。

（4）完成融合影像的镶嵌后，还需对图面上的地物、地貌进行进一步处理，消除拉花、变形等现象，确保影像的准确性和美观性。

（5）按照市域界限对处理好的镶嵌影像进行裁切，以便后续的使用和管理。

（6）保留影像镶嵌文件，以备后续查阅和修改。

9. 卫星遥感+无人机 3D 实景构建

森林资源的三维实景可视化表达成功弥补了二维森林景观信息表达的不足，通过还原真实的森林景观，以新颖的视角提供视觉体验，增强了人们对森林景观实际情况的感性认知。这一技术为决策者提供了更为真实、详尽的森林资源现状分布及变化情况的参考数据，有助于决策者以更加理性、客观的态度制定森林资源的发展规划和经营管理策略。同时，森林景观的三维实景表达也推动了森林资源管理信息化水平的提升，使得管理、监测和预测森林资源的动态变化更加科学、合理、高效。三维实景应用的构建依托于航空航天遥感、倾斜摄影、数据库及地理信息服务等高新技术，其建设目标具体包括：

（1）通过综合运用航空航天遥感、倾斜摄影及地理信息技术获取并制作林场市域卫星正射影像数据成果以及获取市区、县城及乡镇建成区大比例尺无人机正射影像数据成果和精细实景三维模型数据成果，为城市林业 3D 实景的建设奠定坚实的数据基础。

（2）以地理信息公共平台的基础地理空间信息数据库为依托，进一步整合加工林场现有基础测绘数据以及新获取的数据成果。通过数据提取、扩充和重组，形成完善的基础地理空间信息数据库，前置部署基础地理信息公共平台，为城市林业实景三维基础平台的建设提供高质量的地理空间信息应用服务。

（3）在基础地理信息公共平台的基础上，深入研究并建设实景三维基础平台。

（4）该平台利用无人机倾斜摄影技术捕获多角度环绕影像，借助计算机对图像信息进行分析、处理，结合外业控制点测量成果，运用倾斜摄影处理软件制作完成高精度实景三维立体模型。

数码航空摄影技术流程如图 8.9 所示。

10. 林火防控设计

在项目区域内，收集历史林火数据、多级分辨率的遥感影像及相应比例尺地形图等基础数据，提取"资源监测系统"的森林树种、立地因子等基础信息，获取高分辨率空间数据为应用目标，通过 3S 技术在整体系统中的集成应用，达到实时对地观测能力和空间数据快速处理能力的同时实现，利用 CCD 相机和烟火识别器监测林火发生及蔓延状态可提高观测的准确性和实时操作性，还可以通过对气温、PM2.5、甲烷等的长期监测，通过这些指标的变化以及时发现潜在火险。针对以往的林火数据的不确定性，剔除历史林火数据中的粗差，进行缺失数据插值、属性数据的选择、实例数据的处理及数据简约等预处理。通过大量的算法比较，研究适合林火知识发现的算法，为林火管理和扑救决策提供科学依据，确定影响林火时空模型的主要因子，为有效地建立和修改时空模型做准备。通过神经网络算法和遗传算法相结合，充分利用神经网络多参数、快速收敛的特点以及遗传算法全局最优的特点，实现互补。通过 GIS 提取可燃物、地形等数据，建立基于遥感像元概率积分法的林火时空蔓延模型。

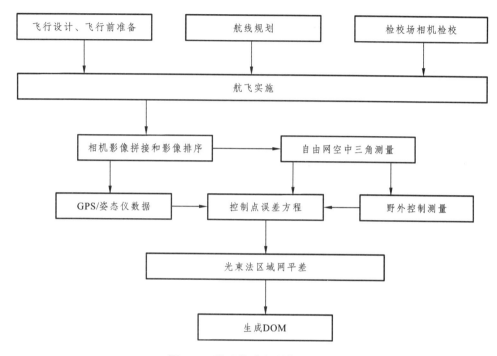

图 8.9　数码航空摄影技术流程

8.2.3　平台架构设计

1. 地空天一体化

智慧林业的构建是一项宏大的系统工程，其健康发展与大数据技术的坚实支撑紧密相连。新型智慧林业平台应当具备以下核心能力：

（1）空间整合能力。

该平台需展现出卓越的空间可扩展性，确保能够将整个林区视为一个统一的空间实体进行管理与监控。这一特性不仅满足了对林区进行微观层面的精细化管理需求，还能够在宏观及中观层面清晰地反映林区整体的变化趋势。

（2）即时响应与决策机制。

鉴于林区的快速变化特性，平台必须具备高度的敏锐性与迅速反应能力。这意味着平台需实现从被动适应到主动监测与预判的转变，通过及时发现问题并迅速制定应对策略，以有效降低林区建设与维护的成本投入。

（3）虚实融合管理体系。

该平台还需展现其宏观视野。通过构建虚拟镜像技术，实现对林区实时状况的模拟与同步，将林区全域内的各类信息进行高效汇聚、深度分析与直观展示，进而构建一套与信息实时同步的全域性管理体系，确保对林区状况的全面掌控与精准管理。

该平台的创新之处体现在以下三个方面：

（1）全时空实时感知能力。

该平台依托于地空天实时感知网络及其获取的数据，能够即时获取卫星观测资料，迅速获取不同空间分辨率的数据。在接收到卫星数据后，该平台能在数分钟内提供所需的地球物理参数，从而实现对林区全域的即时全面感知。

（2）全周期实时监测功能。

在建立全时空实时感知数据体系的基础上，该平台构建"事前—事中—事后"的全生命周期管理系统。通过大数据技术，该平台建立遥感影像特征库和地表光谱库，为多源多尺度光学遥感数据的特定目标快速发现和林区变化自动监测提供了数据分析基础，实现了问题的及时发现和快速反馈。

（3）全要素实时评估机制。

林区数据的复杂性要求涵盖"山、水、林、田、湖、海、草"等自然资源要素的全面评估，这些要素是评价生态环境的关键。因此，平台基于"全时空实时感知"和"全周期实时监测"实现全要素的实时智能评估，构建"感知—体检—评估—预警—更新"的智能迭代系统，这是新型智慧林业平台的核心优势所在。

数码航空摄影技术流程如图 8.10 所示。

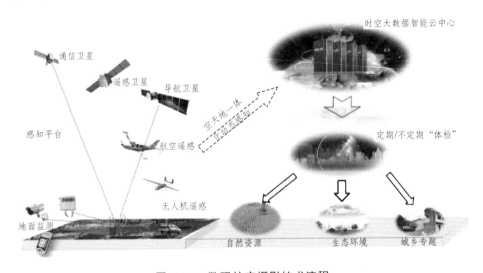

图 8.10　数码航空摄影技术流程

2. 感知平台的建设

该平台建设的策略与路径主要包括：

（1）在应用层面。

该平台遵循"增量+存量"的原则，既要开发新的应用（如自然资源、生态环境、灾害预警等），也要兼容已有成果（存量应用包括林区巡检、调度指挥、营造林管理等）。

（2）在架构层面。

该平台采用"平台+数据+应用"的模式。三维 GIS 引擎是平台建设的基础和核心，在此基础上接入实时数据，集成先进算法模型，构成该平台的优势。

（3）在技术层面。

三维 GIS 引擎集成了三维可视化、云计算、深度学习技术体系，其强大的兼容性和集成能力为智慧林业平台提供了坚实的基础和保障。

8.2.4　总体架构

在综合考量国内外研究现状的基础上，紧密结合各级林业局及相关林业管理单位的具体需求，精心设计了森林资源测绘及经营管理系统的整体架构，如图 8.11 所示。该系统采用分层设计理念，具体划分为基础层、资源层、服务层和应用层四大核心层次：

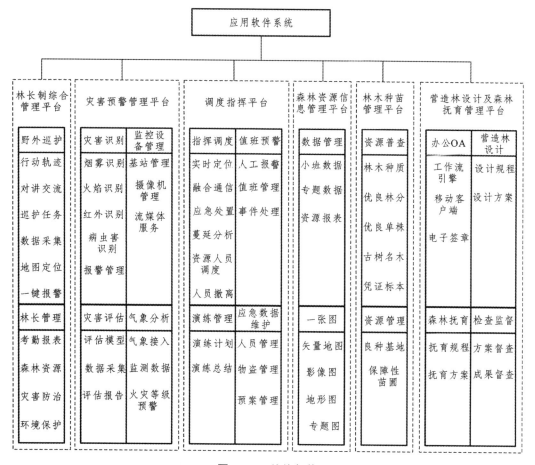

图 8.11　总体架构

（1）基础层。

基础层构建于现有的网络环境和硬件设备之上，旨在打造"一张图"的网络运行环境。网络运行环境涵盖了局内网络办公环境以及连接各级部门的网络体系，包括林区内网和互联网等关键网络组件。同时，还将致力于建设标准化的机房及信息化基础设施，以全面支撑各级管理部门的信息化需求。

（2）资源层。

资源层主要聚焦于林区数据中心系统运行的各类数据资源，包括但不限于空间数据、属性数据、管理数据和元数据等关键数据要素。此外，还将整合政务共享应用所需的林区共享数据、人员管理数据以及公众参与过程中产生的信息数据，确保数据的全面性和时效性。

（3）服务层。

服务层依托智慧林长管理系统，以平台的应用服务运行框架和公共服务为基础，涵盖统一身份认证、统一业务平台、统一 GIS 应用服务、统一数据支撑环境等，实现了一系列关键服务，如专题业务服务、综合监管服务、信息服务及数据管理、数据服务、数据交换、应用组件服务等。这一层次旨在构建政务公共服务应用的基础地理信息服务平台，为各类应用提供坚实的服务支持。

（4）应用层。

基于智慧林长移动端、地理信息应用定制端以及提供的丰富数据服务和应用服务组件，应用层实现了多项核心功能，如森林基础地理信息管理、生态红线划定、森林资源预警预报、事务管理、综合监管等，还拓展了公众社交软件平台内的社会化服务功能，以满足更广泛的社会需求。

8.2.5　网络架构

工程建设所涉及的网络类型包括林区内网和互联网。从业务逻辑角度分析，网络可分为感知网、传输网和业务网，网络架构详见图 8.12 所示，主要包括：

（1）感知网。

感知网主要聚焦于防火、防盗、防虫、环境监测、通信及定位等领域，通过物联网技术实现全方位感知。感知网的核心组成部分涵盖防火智能监控基站、车辆抓拍系统、智能卡口单元、野生动植物保护智能拍摄设备、安防监控系统、手持终端、无人机等多种传感器。此外，还配套有市电或太阳能供电系统、传输设备、防火监控铁塔、车辆抓拍 L 型立杆、安防监控立杆以及防雷接地系统等，共同构成一个能够实时监测、图像采集、识别并自动报警（如林火、车辆、人员等）以及自动定位（如林火、车辆、人员等）的完整系统。

（2）传输网。

作为林业大数据体系中的关键环节，传输网负责将感知网收集的数据接入到业务网。鉴于林业大数据感知网的传感器广泛分布于野外林区，不同传感器对传输性能和带宽的需求各异，采取了灵活的组网方式，包括但不限于有线光缆传输、无线网络传输、运营商专线网络以及无线与有线相结合的混合传输方式，以构建高效、可靠的林场林业大数据传输网络。

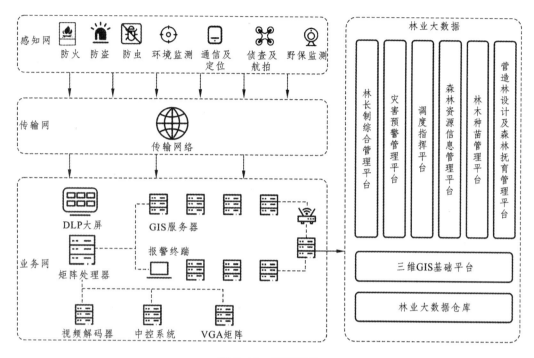

图 8.12　网络架构

（3）业务网。

业务网是林业大数据体系的核心组成部分，负责海量数据的接入、分类存储、计算分析以及提炼形成业务决策数据。通过业务网实现远程指挥、调度和控制感知网的传感器、人员、车辆及物资等，从而实现快捷高效的业务处理。此外，林业防火、防盗、防虫、野生动植物保护、环境监测等功能业务子系统能够基于业务需求，对数据中心分类存储的大数据进行复合利用和交叉提取，通过计算分析为各业务部门提供精准的业务决策数据。

8.2.6　智慧林业数据库建设

数据库被划分为资源基础空间数据库、资源数据库以及业务数据库三大类别。资源基础空间数据库可进一步细分为遥感影像数据库、基础地理数据库和行政区划数据库。资源数据库涵盖了森林资源的相关数据，业务数据库涵盖了林区数据、林长数据、巡查数据、时间数据以及考核数据等关键信息数据。

智慧林业大数据数据库涵盖了数据的采集与清洗融合两大环节。数据库的构建工作被明确划分为两个阶段来实施。在第一阶段，首要任务是搭建数据库的整体架构，这一过程中将设立公共基础数据库、森林基础数据库以及业务专题数据库，确立了一套标准化的运行与更新机制，以确保数据库的稳定运行与数据的及时更新。在第二阶段，将基于第一阶段所累积的各类数据，通过一系列的处理与整合流程，构建出森林资源信息共享数据库。森林资源信息共享数据库旨在为业务部门及广大公众提供全面、准确的信息服务，促进林业资源的合理开发与利用。智慧林业大数据数据库框架如图 8.13 所示。

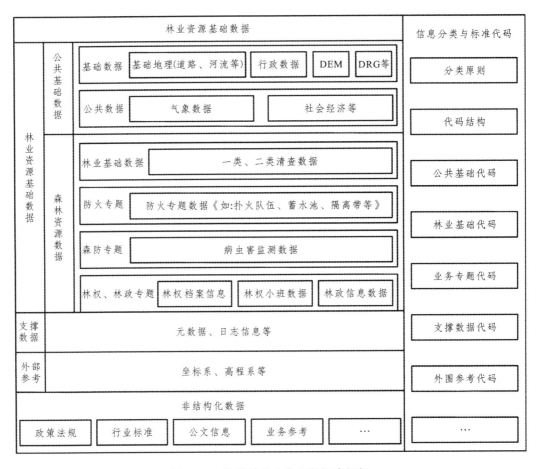

图 8.13　智慧林业大数据数据库框架

8.2.7　数据采集

对林业数据进行梳理，按照平台的要求对各个部门的数据进行采集，同时对互联网数据进行爬取。

通过云端采集系统，对采集的数据源进行配置，定义采集指标规格，配置采集流程，最后配置数据采集的周期，将数据采集过程变成自动化的采集流程，主要包括：

（1）采用交换库对接方式的采集流程。

（2）采用文件服务器方式的采集流程。

（3）采用消息中间件方式的采集流程。

（4）采用 WebServices 主动推送方式的流程。

（5）采用 WebServices 被动调用方式的流程。

8.2.8　数据清洗融合

基础森林信息数据处理系统集成了基础林业信息数据的清洗、融合与提取功能，旨在实现数据的标准化处理。该系统遵循用户定义的规范进行数据质量检查，对于检测到的问题，系统支持自动纠正或人工干预的方式进行处理。

1. 数据接入

系统首先确定矢量、影像、地形等数据的接入点，明确源数据的空间参考与投影方式，同时设定目标数据的空间参考与投影参数，包括必要的投影参数输入或参考点设定。

2. 融合前数据校验

在数据融合之前，系统会对数据图层及其属性字段的完整性进行严格检查，确保关键字段的属性值非空，验证属性字段的取值范围是否符合预期。

3. 分层融合处理

在分层融合过程中，系统首先进行投影变换，随后根据预设的融合策略与数据分类策略对输入数据进行分层处理。融合完成后，将成果数据输出至指定的目标图层。

4. 融合后数据校验

融合操作完成后，系统会对结果图层进行全面检查，包括但不限于属性一致性、接边情况、飞点问题、自相交现象等。同时，系统还会根据预设策略对多个目标图层进行叠置分析，以评估数据的合理性与精度。

5. 错误纠正

针对校验过程中发现的问题，系统提供纠错功能。根据检查结果列表，用户可以选择或系统预定义的策略进行错误纠正。

6. 结果报告生成

系统生成的结果报告包含详尽的数据统计、错误统计以及纠错结果统计信息。此外，报告还列出了待处理错误的详细清单。通过对比数据融合前后的统计分析结果，用户可以清晰了解当前数据的情况，包括各图层的记录条数、存在的错误项、融合结果以及纠错成果等。错误统计部分则利用字段阈值或拓扑等方法对入库数据进行深入分析，识别并列出错误记录，便于用户进行编辑修改。对于系统自动发现的错误，用户可进一步进行结果纠正，查看已处理与未处理的记录清单。

8.2.9　地表高程数据获取

DEM 高程数据由 ASTER GDEM30 米分辨率高程数据和 SRTM90 米分辨率高程数

据两部分组成，如图 8.14 所示。ASTER GDEM 数据由 NASA 提供，覆盖范围包括北纬 83°至南纬 83°的所有陆地区域，时间跨度为 2000 年前后；而 SRTM 数据则由 CIAT 提供，覆盖范围为北纬 60°至南纬 60°的所有陆地区域，时间同样为 2000 年前后。

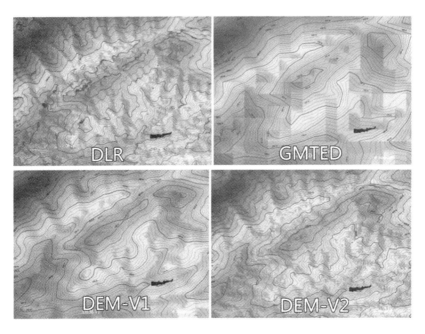

图 8.14　高程数据

ASTER GDEM 30 米分辨率高程数据是基于 ASTER GDEM 第一版（V1）数据精心加工而成的全球空间分辨率为 30 米的数字高程数据产品。鉴于云覆盖、边界堆叠产生的异常形态（如直线、坑洞、隆起等）以及大坝等特定地理实体的影响，ASTER GDEM V1 的原始数据在部分区域存在数据异常现象。因此，由 ASTER GDEMV1 加工得到的数字高程数据产品亦在个别区域呈现出数据异常的特征。为了弥补这一不足，建议将此产品与全球 90 米分辨率的数字高程数据产品相互补充使用。ASTER GDEM 数据遵循 UTM/WGS84 投影标准，以 IMG 栅格影像格式存储，其高程值范围涵盖 −152 ~ 8 806 m，比例尺设定为 1 : 25 万，具备垂直精度为 20 m 以及水平精度为 30 m 的特性。

在数据命名方面，ASTER GDEM 遵循严格的规则，即以 1 度 × 1 度的地理范围作为基本单元进行分片处理。每个 GDEM 数据包均包含数据高程文件和质量评估（QA）文件。文件的命名依据影像几何中心左下角的经纬度坐标生成，如"ASTGTM_N29E091"，其中"N29E091"明确指出了该数据包的左下角坐标位于北纬 29 度、东经 91 度。相应地，"ASTGTM_N29E091_dem"与"ASTGTM_N29E091_num"分别代表高程数据文件与质量控制数据文件。SRTM 90 m 分辨率高程数据是由美国宇航局（NASA）与国家测绘局（NIMA）联合测量的重要成果，通过搭载于"奋进"号航天飞机上的 SRTM 系统，于 2000 年 2 月 11 日启动，历经 222 小时 23 分钟的数据采集工作，成功覆盖了北纬 60 度至南纬 60 度之间的广阔区域，总面积超过亿平方公里，覆盖了地球表面超过 80%的陆地部分。SRTM 系统所获取的雷达影像数据量庞大，达到了万亿字节的级别，经过两年多的精心处理，最终转化为数字地形高程模型（DEM），即现今广泛使用的 SRTM 地形产品数据。值得注意的是，SRTM 数据因采用不同的插值算法而存在多个版本。

SRTM 数据严格遵循 WGS84 椭球投影标准，采用 16 位数值来精确表示高程值（范围为 −32 767 ~ 32 767 m），其中空数据则以 −32 726 m 作为标识。数据以 IMG 栅格影像格式存储，高程值范围设定在 −12 000 m ~ 9 000 m 之间，具备水平精度为 20 m 及高程精度 16 m 的优秀性能。在数据组织方面，SRTM 采用每 5 个经纬度方格划分一个文件的策略，整体划分为 24 行（对应 −60 度至 60 度的纬度范围）与 72 列（对应 −180 度至 180 度的经度范围）。

文件命名遵循"XXYY"的规则，其中"XX"代表列数（01-72），"YY"代表行数（01-24）。

SRTM 数据如图 8.15 所示。

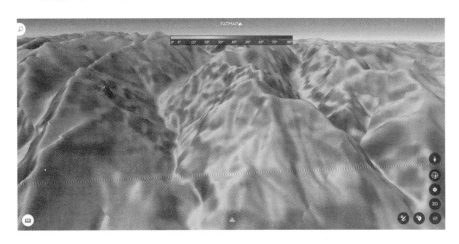

（a）类型一

（b）类型二

图 8.15　SRTM 数据

8.2.10　系统平台建设

该系统立足于先进的三维 GIS 引擎技术，紧密依靠精准的基础地理信息数据、高精度的数字高程模型、高分辨率的卫星遥感影像以及高精度的林场实景三维模型，在林场规划过程中实现了三维可视化与虚拟管理等关键功能，生动地展现了林场的当前虚拟状态及其未来发展蓝图，为林场规划提供了有力的辅助支持和科学的决策依据。同时，该系统还能够客观真实地反映林场的建设现状，展示规划成果，宣传林场风貌，有效提升了林场的整体形象。

三维 GIS 引擎采用轻量化 GIS 平台，平台基于现代 Web 技术栈全新构建，兼容多种 GIS 标准，框架简便、高性能和可用性好，能够在主要桌面和移动平台上进行高效运作，可轻松构建跨平台跨浏览器（PC/平板/手机）的地理信息应用。

三维 GIS 引擎以二维、三维一体化技术为基础框架，融合倾斜摄影、BIM、激光点云等多源异构数据，集成 WebGL、虚拟现实（VR）、增强现实（AR）等技术，带来更真实、更便捷的三维体验，实现室外/室内一体化、宏观/微观一体化、空天/地表/地下一体化。

三维 GIS 引擎包括空间大数据的存储管理、空间分析、流数据处理与可视化等技术，致力于提供全面支持大数据的 GIS 基础软件与服务；时空多维度呈现，实时响应，前端动态渲染，适合指挥大屏、移动设备等多元场景应用，让更多用户能够轻松管理与挖掘空间大数据信息。

三维等高线如图 8.16 所示。

图 8.16　三维等高线

1. 林长制平台

林长制是一种遵循"分级负责"原则的制度，旨在建立从省级到村级的五级林长制体系。在这一制度下，各级林长负责监督和指导其责任范围内的森林资源保护和发展工作，协调解决保护和发展过程中遇到的重大问题，依法查处破坏森林资源的违法犯罪行为。林长制综合信息管理平台利用物联网感知、地理信息系统、生态资源监测、互联网+云平台、业务可视化等技术手段，以林地小班森林资源数据为基础，实现网格化管理责任区域。该平台还发展了生态管护和应急防灾等业务，实现了对全生态因子的高效、精确监测和管理。同时，该平台还明确了各级林长的责任区域、管护职责和考核指标，从而实现了林长的综合业务考核。

采用高分辨率遥感监测技术，对森林资源动态变化进行严密监测，同时结合物联网监测技术，确保林业空间信息的高效采集与长效更新。对于违法违规现象，坚持"早发现、早报告、早处置"的原则，有效监督瞒报、误报等情况，通过"一张图"可视化展示，实现林业资源监测的直观呈现，确保监管业务闭环的高效处理。

在责任落实方面，依据林长的层级关系，通过林业大数据的融合，构建了林长制"责任一张图"，该图明确了林长制的各项工作目标、职责划分，实现了上下衔接、动态管理的功能，为林长制的日常工作提供了有力的支撑。

开发了手机 APP，实现了对保护区、古树名木、防火设备、护林员分布及林长、护林员职责范围情况的全面掌握。通过手机 APP，可以随时下达或接收工作任务，实现智能提示、巡山护林记录、信息动态更新上报等功能，极大地简化了林长制日常管理工作程序，提高了工作效率。

通过扫描二维码的方式，引导公众参与微信等移动办公软件或小程序的综合运用，加强了林业主管部门与公众的信息交流，引导并鼓励大众提高生态保护意识，主动接受大众的监督。这一举措有助于实现林长目标责任考核、绩效综合评价等工作的信息化、精准化，有利于各级林长履职尽责，推进"互联网+"和智慧林业建设，最终实现林长制改革的预期目标。

2. 灾害预警平台

（1）火灾实时报警模块。

火灾实时报警模块可以判断生态环境平台实时监测得到的气温、PM2.5、甲烷等是否超过报警阈值。如果监测值超过报警阈值则产生报警并自动定位火灾发生位置。火点定位如图 8.17 所示。

（2）火险等级预报模块。

火险等级预报模块通过数据库、小班信息、气象数据、道路数据、等基础数据建分析以森林小班为单位的森林火险等级区。火险等级预报如图 8.18 所示。

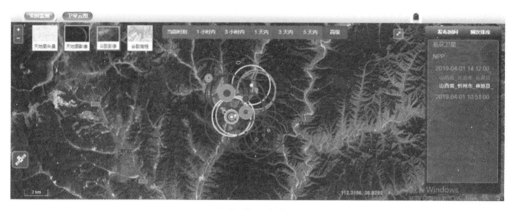

（a）展示方式一

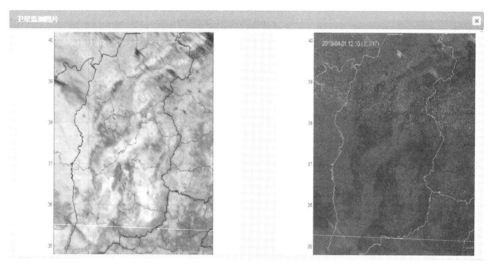

（b）展示方式二

图 8.17　火点定位

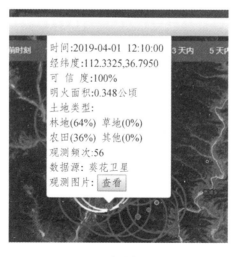

图 8.18　火险等级预报

（3）火灾蔓延模拟模块。

火灾蔓延模拟模块的输入蔓延参数包括植被类型、优势树种、林龄、郁闭度、坡度、坡向、海拔、湿度、温度、风力、风向、降雨量、风速、蔓延时间、点击开始蔓延、自动生成 V1、V2-V88 个方向上的速度蔓延分析等。林火 3D 模拟如图 8.19 所示。

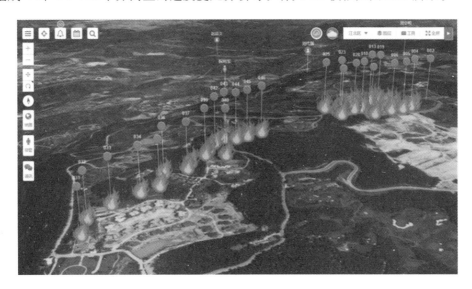

图 8.19　林火 3D 模拟

（4）火灾损失评估模块。

火灾损失评估模块加载所发生的火灾数据，系统利用已经建立的评价体系以及内部数据库存储的气象、人为因素等进行火灾损失评价。

3. 森林病虫害防治

森林病虫害防治是对森林、林木、林木种苗以及木材和竹材的病害和虫害进行预防和治理的重要常规工作。森防人员需定期开展辖区内林业有害生物的全面普查或专项调查，以掌握其发生、分布情况及其对森林资源的危害。一旦发现枯死树或其他异常现象，应立即进行调查采样并实施实时监控。防治工作的前提是能够及时、准确地掌握灾情。GAKES 森林病虫害预警管理系统以巡查和巡防为主要手段，建立了一套及时发现、即时上报、即时预警、即时处理的信息化电子管理系统，旨在将森林病虫害消灭在萌芽状态。

病虫害监测调查模块主要包括病虫害普查信息维护、病虫害分析、数据上传下发和移动信息采集，如图 8.20 所示，具体内容包括：

（1）病虫害普查信息维护。

病虫害普查信息维护主要是对病虫害普查登记的详细信息进行管理，包括普查信息的新增、修改、查询和删除。病虫害普查登记的详细信息涵盖了病虫害的基本属性、生物学属性、防治技术、测报技术、建议技术、生活史、多媒体信息（如图片）、寄主关系等。

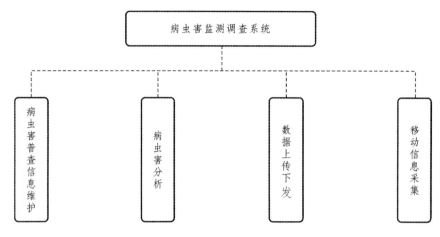

图 8.20   病虫害监测调查

病虫害信息统计主要是按照行政区划对病虫害普查登记信息进行逐级统计。

（2）病虫害分析。

病虫害分析主要是实时生成相应的专题图、作业资源图，包括区域统计图、年度趋势图、病虫害份额图和专题分析图。病虫害监测调查。

（3）数据上传下发。

数据上传下发包括数据上传和数据下发功能：

① 数据下发是指通过任务下发的方式，将森林资源、地理数据、监测调查数据和任务信息打包下发到移动采集设备中，以便于野外采集调查。

② 数据上传是指将通过移动信息采集设备获得的病虫害信息数据以任务的方式上传到后台系统中，对系统中的相关数据进行更新。

（4）移动信息采集。

移动信息采集是在移动端进行病虫害监测信息的采集，采集内容与病虫害普查信息维护内容一致，支持根据当前位置拍摄照片的功能。

在实施森林病虫害防治过程中采用的方法主要包括：

（1）气象预测环节。

高温干旱气候条件为病虫害的滋生与扩散提供了有利条件。当土壤水分含量降至较低水平时，病虫害爆发的风险显著增加。依托"生态监测系统"对环境要素进行持续监控，借助"网络中心管控平台"的数据分析能力，评估当前环境是否极度适宜活体松材线虫的生存与繁殖，同时考察是否也为传播媒介——松褐天牛创造了优越的生存条件，这一过程为科学预判松材线虫病的流行趋势奠定了坚实的基础。

（2）无人机监测应用。

利用"资源监测系统"集成无人机航拍技术与现场勘测手段，将采集到的发病小班数据及时上传至系统。随后，通过"网络中心管控平台"的智能分配，针对不同区域及面积规模，精准选取具有代表性的样点发病区域进行实地复核。结合遥感影像技术计算植被健康指数，设定合理的区间阈值，从而精确锁定"病虫害"的具体发生地域、评估受损面积，进一步估算由此造成的经济损失，为后续的防控决策提供坚实的数据支撑。

（3）全面监测与管理方案。

林区全面监测与管理的方案主要包括：

① 在林区广泛布局多个监测站点，每个站点均配备一整套先进的监测设备，包括但不限于视频监测设备、高精度传感器、虫情测报灯以及性诱监测器等，为林区的全方位、多层次的监测奠定了坚实基础。

② 在每个站点架设了云台系统，云台上稳固地安装了具备自动缓慢旋转功能的 CCD 镜头，能够不间断地扫描整个林区，确保监控的连续性和全面性。用户可根据实际需求，自由设置监测时间，实现对林地的持续、实时、精准的监测。

③ 镜头所捕获的林区影像数据，将实时传输至信息计算中心进行深度处理。通过先进的数据处理技术，可以从中提取出林木的生长信息、观测虫情的发生情况，全面监测森林的动态变化。这一举措极大地提升了对林区状况的了解和把握能力。

④ 传感器系统能够自动监测林区的温度、水分、养分、负氧离子、风速风向以及污染物颗粒等多项关键指标。这些监测数据将通过网络自动传输至信息计算中心，借助全球定位系统等先进的信息传感设备进行精确处理。在此基础上，建立一个完善的林业资源物联网系统，结合望远 CCD 监测站和虫情监测设备的定期扫描和监控结果，为林区管理提供全面的数据支持。通过该系统，可以实现实时监测、视频监控、生产报警以及远程自动控制等多项功能，极大地提升了林区管理的智能化水平。

⑤ 系统设计了特定的报警机制。当某一区域内的森林出现生长不正常、林木空心或温度、水分、养分等关键指标达不到林木正常生长的临界值以及害虫过多等异常情况时，系统会自动触发报警机制。相关部门将及时发布监测动态，制定应对措施，向相关人员发出提醒，相关人员就能够根据自己的职责和需要，迅速采取行动，确保林区的健康与稳定。

4. 调度指挥平台

调度指挥平台以数字超短波技术、无线链路组网技术、视频传输技术等形成的通信网络为基础，着力构建空中与地面、有线与无线、固定与机动相结合的链式、立体综合调度指挥系统，全面提高森林灭火、无人机侦察、水源地监测等的指挥调度，确保在发生森林事故时能够及时救援，从而最大限度减少事故的损失程度。根据图 8.21 所示的平台构成架构，调度指挥平台可以实现的功能主要包括：

（1）实时定位功能。

结合 GIS 地理信息系统，调度中心地图能够实时、动态地展示消防员的精确位置。同时，调度中心可灵活设置定位信息的上传时间间隔，以便实时掌握消防员的定位、移动方向及速度。在紧急情况下，调度中心能够根据不同方位消防员的实时位置，进行可视化的高效调度。

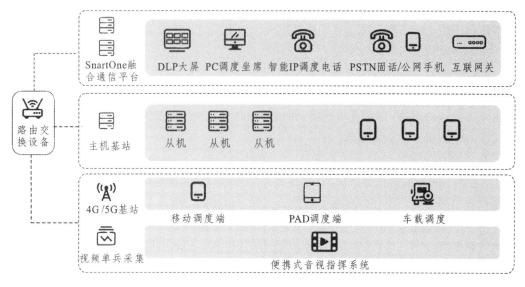

图 8.21 调度指挥平台架构

（2）多信道应急调度。

面对突发事件，消防指挥调度中心无须人工逐·通知各信道，而是可以在调度平台上迅速选择对单、组、群进行空中自动跳转至指定信道的调度操作。手持终端将实时接收调度信息，确保救援行动的高效性和及时性，实现统一指挥和高效应急。

（3）开关监听功能。

在巡查救援过程中，如遇突发事件、紧急报警将自动触发监听功能，将现场情况实时传输至消防调度中心。这一功能不仅有助于指挥中心快速准确地调派灭火救援资源，提高消防部队的快速反应和灭火救援能力，还能确保组内所有消防员手持机都能接收到报警人 ID 信息及现场情况，实时掌握报警人员的动态位置和距离，以便及时展开救援行动，维护社会稳定和群众安全。

（4）多级调度与优先话权。

调度手台具备强拆、强插等高级功能，确保在紧急情况下能够优先获得话权，实现及时调度。这一功能为灭火救援指挥及重特大灾害事故现场处置提供强有力的通信支持，实现紧急情况下的统一指挥和高效调度。调度指挥平台则是一套集音频通信、视频通信、指挥和调度于一体的综合系统，以辅助决策系统为核心，以应急通信为支撑，以智能调度为保障，充分整合了卫星通信、4G 专网、无人机、气象信息采集终端和便携式基站等多种先进技术。

5. 森林资源管理系统

森林资源管理系统，如图 8.22 所示，主要通过 GIS 系统实现对森林资源监测，包括森林资源监测林征地占用情况，森林资源连续清查、林地年度变更、退耕还林、自然保护区有害生物分布和病虫害调查等。

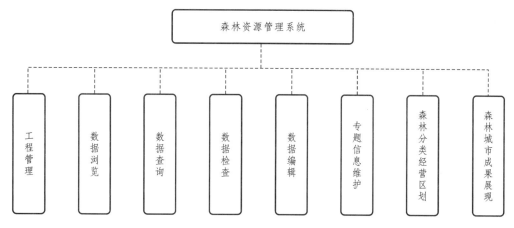

图 8.22　森林资源管理系统

森林资源管理系统根植于森林基础数据库的基础上，深度融合前沿的信息化与数据库管理技术，采用一体化、集中式的先进架构，在统一的空间参考框架下实现了对多源、异构、多尺度森林资源信息数据的分层分类高效管理。森林资源管理系统核心功能涵盖了工程管理以及数据浏览、查询、检查、编辑和专题信息维护、森林分类经营区划及成果展示等多个维度：

（1）工程管理模块。

工程管理模块集成了工程设置、保存、图层管理（含加载、过滤、元数据编辑、输出及位置管理）、打印和预览以及工程图片输出等功能，确保了项目管理的全面性与灵活性。

（2）数据浏览功能。

数据浏览功能专注于空间图形数据的直观展示与灵活操作，包括缩放、书签设置、漫游、图幅计算与定位、政区范围数据展示、视图鹰眼导航、图层属性表浏览与设置等，极大地提升了数据访问的便捷性与用户体验。

（3）数据查询模块。

数据查询模块支持空间查询、缓冲区查询、属性查询及小班查询等多种查询方式，满足用户多样化的数据检索需求。

（4）数据检查模块。

数据检查模块包括拓扑检查、图形检查、属性检查、逻辑关系检查等，辅以错误提示与跟踪功能，确保数据质量的可靠性与准确性。

（5）数据编辑模块。

数据检查模块功能丰富，涵盖启动、保存、停止编辑操作，具有编辑图层可以灵活切换以及选择、删除、创建要素等编辑功能，同时支持节点、面、线的精细编辑与属性编辑，满足了复杂编辑任务的需求。

（6）专题信息维护模块。

专题信息维护模块专注于专题信息的录入、修改与删除工作，为专题信息的动态管理提供了有力支持。

（7）森林分类经营区划模块。

森林分类经营区划模块根据森林功能区的划分，实现了森林区划经营成果的可视化展示与输出，为森林资源的科学管理与利用提供了重要依据。

（8）森林城市成果展现模块。

森林城市成果展现模块通过显示现有森林资源情况，实时展现国家森林城市创建成果与进展。

林班影像图对比如图 8.23 所示，影像图监测报告如图 8.24 所示。

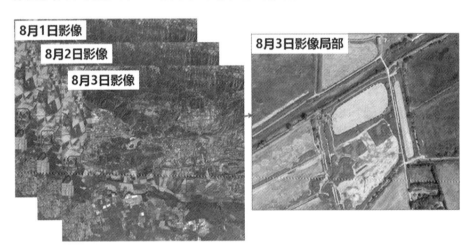

图 8.23　林班影像图对比

图斑编号	csdtjcbh_201805_718		面积		0.053 公顷
位置描述	****街道 ****社区 ****北路 与 **路 交叉路口 西南约 40 米				
坐标	经度：			纬度：	
	年月卫星影像（前时相）			年月卫星影像（后时相）	

通过遥感影像判读，图框（红色）内 ****年*月裸露土地，****年*月露天体育场。

图 8.24　影像图监测报告

　　森林资源信息管理如图 8.25 所示，矢量数据标注如图 8.26 所示，林业资源遥感监测如图 8.27 所示。

　　林地变更数据管理主要内容包括林地变更调查工作图和林地管理档案信息管理。将造林、采伐、更新等森林经营活动和建设项目使用林地、毁林开垦等非森林经营活动中形成的日常档案管理信息及时落界并记录有关信息。林地变更数据如图 8.28 所示。

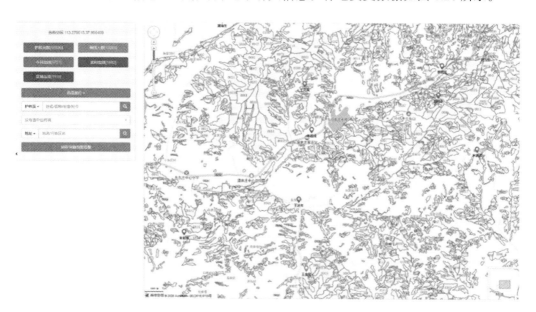

图 8.25　森林资源信息管理

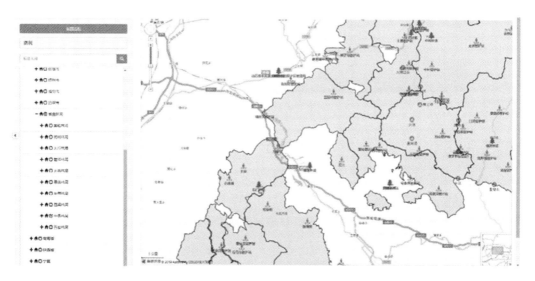

图 8.26　矢量数据标注

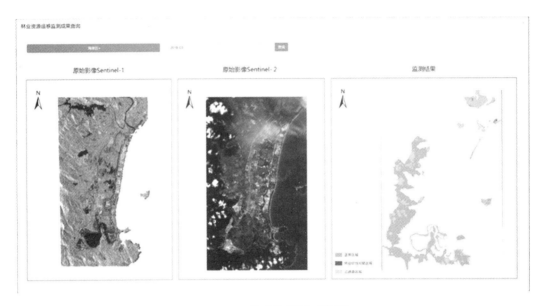

图 8.27　林业资源遥感监测

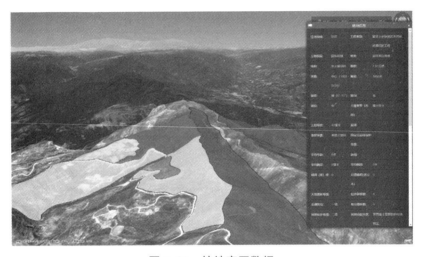

图 8.28　林地变更数据

为了确保林业资源的有效监管与科学管理，需要制定的措施主要包括：

（1）实施遥感监测技术。

实施遥感监测技术将精准提取市域内林地范围的新增与减少区域，形成翔实的遥感监测数据报告。遥感监测数据报告作为辅助工具，支持林地变更调查以及对林地利用变化情况的深入分析，通过可视化手段直观展现林地范围内建设用地、耕地及新增林地的具体分布状况。

（2）加强林业经营管理情况调查。

为了加强林业经营管理情况调查，将建立实时监控系统来密切关注区域内的各类变化，特别是毁林开垦、违法占用林地等非法用地行为以及人工造林、森林采伐、人工更新等森林经营活动引起的地类变化。通过严格监测，确保及时发现并处理相关问题。

（3）定期更新林地数据库。

依据遥感监测结果，经过严格的检查和核实流程，将遵循林地数据库和林地变更调查数据库的建设标准与规范，对林地数据库进行及时更新，以确保数据的准确性和时效性。

（4）深入分析调查成果。

对林地变更调查结果进行全面汇总与统计分析，重点分析林地范围、林地利用状况和管理属性等方面的变化情况及其背后的原因。同时关注林地定额指标的使用情况、违法使用林地的查处进展等，旨在深入剖析林地保护管理中存在的问题，为制定有针对性的改进措施提供有力支持。

（5）强化林业物资管理。

针对林业生产所需的重要资源如防火设备、病虫害防护设备等，建立完善的设备管理台账，实现库存、维修、使用和采购等环节的信息化综合管理。加强林业物资管理可以提高物资管理效率，确保林业生产活动的顺利进行。

物资设备分布图和物资管理分别如图 8.29 和图 8.30 所示。

图 8.29　物资设备分布图

图 8.30　物资管理

6. 营造林设计及森林抚育信息平台

营造林设计及森林抚育信息平台主要涵盖人工造林设计、封山育林、低效防护林改造设计以及森林抚育设计等。在此基础上，构建一套完善的 OA 办公流程，涵盖立项审批、项目实施、成果验收以及全程的检查与监督机制。

营造林技术的核心在于造林与营林技术的精细化规划，深入分析林区的地理分布、自然环境条件以及树种的生态习性，以此为依据科学制定造林规划。在具体实施过程中，将精选适宜的地理坐标、造林树种、合理的种植密度（包括株行距的设定）以及混交比例等关键因素，以确保森林培育的科学性与有效性。

密切关注营造林区的配套设施建设，包括但不限于生物防火带的设置、病虫害防治体系的建立以及林区道路网络的完善等，以全面提升林区的综合防护能力与可持续发展水平。

对于经济林，需要积极引入生态农业的先进理念。通过试点或组织林下养殖业、混农林业等多元化经营模式，推动农林牧各业之间的有机融合与协调发展，实现生态效益与经济效益的双赢。

经济林设计如图 8.31 所示。

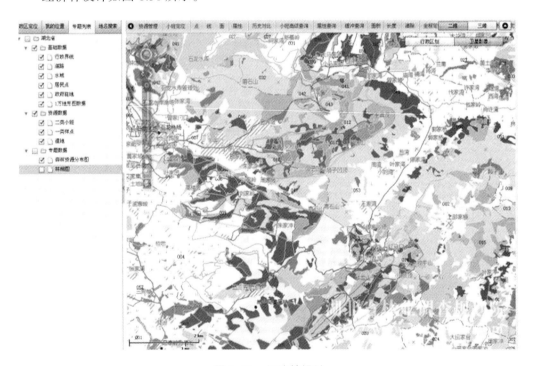

图 8.31　经济林设计

森林抚育工作的定期、有效开展是整体提升林木质量的有效举措，可以有效促进森林生态系统效益的整体发挥，进而建设较为完善的森林生态体系与林业产业体系，为实现林业产业的可持续发展目标提供更大动力支撑。

森林抚育包括幼龄林抚育、中龄林抚育和自然林抚育。通过平台对森林所处树龄时段进行分析，制定有效的抚育方法，促进目标林木快速发展进程并实现对林木分布密度指标的及时调控。砍伐并去除林木中生长不良林木，清除影响林木正常生长发育的杂草等，可以有效地促进中龄林吸收充足养料，减缩生长周期，尽早达成成材的目标。在开展自然林的抚育工作过程中，需对森林生态系统中不同树种的生长特征、规律及需求等指标进行综合分析，有针对性地采取相应抚育方法，保证所有目标树木均处于较优良的生长环境，保证不同树木之间通风、采光、透气性等的优良性。对于天然林，在具体抚育实践中，可以结合林木外部形态的差异性，采用相应的培育、修整方法，最大限度地提升森林生态系统的防护性能。

在森林抚育工作的实施过程中，修剪树枝作为核心环节之一，其重要性不言而喻。此环节旨在通过精细操作，对目标树木的生长形态进行科学合理的调整与优化，进而提升林木的整体培育质量。针对生长状况不佳且树干内径较大的树木，采取修剪措施来促进其后续的健康生长。

充分利用林业大数据平台的技术优势，对树干木质部及韧皮部的结构完整性进行精准维护，确保树木的生长基础稳固。在此基础上，结合目标树木生长发育的不同阶段特点，深入分析相关数据，科学设定并合理保留冠长，以实现树木生长的最优化。

在森林抚育工作的运行阶段，明确设置森林抚育工作的具体负责人以及承担森林抚育任务的实施单位。为了确保工作的高效有序进行，严格执行责任机制，对相关人员的工作行为进行严密监管，确保各环节工作质量达到既定标准。同时，高度重视对相关人员理论知识与业务技能的培训工作，通过不断提升其专业素养和业务能力，确保他们能够高效、准确地完成森林抚育的各项工作任务。

7. 烟火动态识别以及报警和蔓延分析系统

综合运用无线通信、数据库管理、辅助决策模型等先进技术，确保在日常防火监测工作中能够迅速且准确地探测到林火的发生。一旦发生火灾，系统能迅速进行林火精确定位，对火势蔓延趋势进行科学分析，同时有效提供全面的相关信息支持。此外，系统还具备林火扑救指挥功能以及灾后快速评估能力，旨在及时、迅速、准确地完成林火扑救任务，尽快掌握火灾造成的经济损失情况，为后续的灾害应对与恢复工作提供有力支持。

烟火动态识别以及报警和蔓延分析系统的主要功能涵盖了防火资源管理、林火扑救指挥工作、灾后评估、护林员定位、预留视频监控，如图 8.32 所示，主要包括：

（1）防火资源管理模块。

防火资源管理模块对各类关键防火资源如扑火队伍、防火设施及应急物资等实施详尽的查询、及时的更新与便捷的浏览操作。此模块旨在以高效、直观的方式，为林火扑救指挥工作提供全面而准确的参考依据。摄像机监控信号如图 8.33 所示。

（2）林火扑救指挥模块。

林火扑救指挥模块涵盖了多个关键方面，具体包括林火热点的精确标绘、扑火行动路线的详细规划、隔离带的科学划定以及扑火队伍与所需物资的精准调配与标绘，这些环节共同构成了林火扑救指挥的全面体系，旨在确保扑救行动的高效、有序与安全。

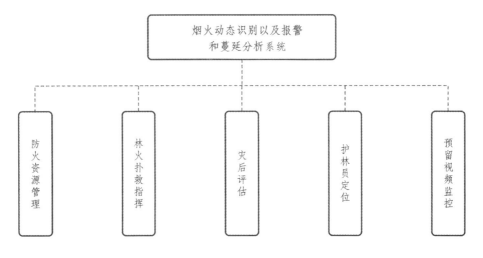

图 8.32　森林防火系统

图 8.33　摄像机监控信号

（3）灾后评估模块。

灾后评估模块是在林火被成功扑灭之后，自动且精确地计算过火区域的总面积，将这一关键信息以地图的形式直观地呈现出来，如图 8.34 所示。

（4）护林员定位模块。

护林员定位模块涵盖 GPS/北斗终端报位与终端通信两大核心功能，其中 GPS/北斗终端报位功能旨在实时、准确地追踪并定位护林员及火灾现场指挥员的精确位置；终端通信功能通过系统平台实现与相关人员的直接呼叫与通信，以便进行高效、远程的指挥调度工作。火点识别如图 8.35 所示。

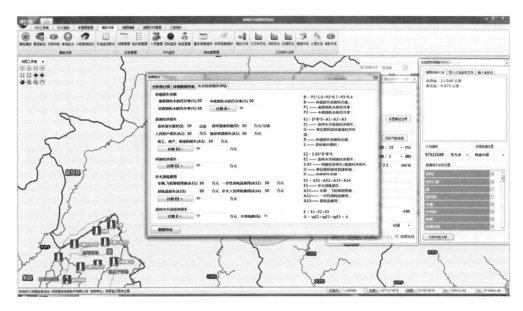

图 8.34　灾后评估

图 8.35　火点识别

（5）预留视频监控模块。

预留视频监控模块借助视频设备，实现对监测区域内状况的实时观测，确保对突发事件的及时发现与有效应对，为组织救援工作提供有力支持。在烟火识别分析方面，该模块运用先进的图像处理与模式识别技术，依据烟火与烟雾的独特特征精准预判与识别潜在或已发生的火情，实现火警的及时预警。报警火点定位功能通过地图展示方式将报警火点的精确位置直观呈现，为快速定位火源、制定灭火策略提供了重要依据。

总 结

　　本书深入地探讨了时空大数据与云平台在推动智慧城市发展中的核心作用，突出了其在空间信息高效集成、数据管理精细化、政策制定科学化以及公共服务优化等方面的重要性。本书系统性地阐述了时空基础设施的构建框架，具体涵盖了时空基准的确立、大数据平台的搭建以及云平台在数据处理、多部门协同作业与云服务模式创新中的核心枢纽地位。此外，本书详尽地分析了时空大数据平台的建设需求，明确了系统功能指标，规划了服务资源池布局，提出了智能组装应用模式，展望了数据服务生态圈的构建愿景。在技术实现层面，本书探讨了空间大数据引擎的研发进展、时空化处理技术在影像数据库中的创新应用、系统框架设计的科学性与前瞻性、平台首页功能的用户体验优化、移动 GIS 云管理系统的便捷性、三维规划系统的可视化优势、系统安全管理的严密性、项目管理风险的防控策略，以及"多规合一"业务协同平台的综合效能。本书进一步指出，时空大数据与云平台技术的融合应用，为实现城市治理的智能化与精细化提供了强大支撑。通过集成先进的时空数据分析工具，城市管理者能够精准预判城市发展态势，迅速响应并解决各类城市运行难题。例如，借助实时交通流量数据监测，可优化交通信号控制策略，有效缓解交通拥堵；依托环境监测数据的深度分析，可及时发现并妥善处理污染问题，持续改善城市环境质量。

　　同时，云平台在促进跨部门信息共享与协作中起到关键作用。通过构建统一的数据共享平台，打破了部门间的信息壁垒，实现了数据的互联互通，为科学决策提供了坚实的数据基础。在应对突发公共卫生事件等紧急情况时，多部门可依托云平台实现数据共享与协同作战，有效提升了应急响应速度与处理效率。本书还展望了时空大数据与云平台技术在推动智慧城市可持续发展方面的广阔前景，通过构建城市运行的数字孪生模型，可模拟并预测城市发展的多种可能情景，为城市规划与建设提供了科学依据。同时，大数据分析技术的深入应用，有助于更深刻地理解居民需求与行为模式，为提供更加人性化、精准化的公共服务奠定了坚实基础。

　　最后，本书总结了智慧城市建设过程中面临的关键技术挑战与未来发展方向，包括提升数据处理效率与准确性、加强数据安全与隐私保护以及培养更多专业人才等方面的内容。本书呼吁通过持续的技术创新与实践探索，不断推动智慧城市向更高水平发展，以更好地服务于人民群众、促进社会经济的全面进步。

　　随着科技的飞速发展，时空大数据与人工智能的结合正成为推动各行各业革新的关键技术趋势。时空大数据即包含时间维度和空间维度的数据，能够提供关于物体或事件在特定时间和地点的详细信息。当这种数据与人工智能技术相结合时，可以实现对复杂模式的识别、预测和决策支持，从而在多个领域产生深远影响。

　　在智能交通系统中，时空大数据与人工智能的结合能够优化交通流量，减少拥堵，提高道路安全。通过分析实时交通数据和历史交通模式，智能算法可以预测交通拥堵并实时调整信号灯控制，优化路线规划，甚至预测交通事故的发生概率。

在城市规划和管理方面，借助时空大数据和人工智能技术可以实现更加精细化的城市管理。例如，通过分析城市中不同区域的人流、车流、环境质量等数据，可以优化城市资源配置，提高城市运行效率，同时为居民提供更好的生活环境。

在环境监测和保护领域，时空大数据与人工智能的结合有助于实时监测环境变化，预测自然灾害，评估环境影响。例如，通过分析卫星遥感数据和地面监测站数据，可以及时发现森林火灾、洪水等自然灾害的征兆并迅速做出响应。

在商业领域，时空大数据与人工智能的结合可以为零售、物流等行业提供精准的市场分析和决策支持。通过分析消费者的地理位置、购买行为和时间模式，企业可以更好地理解市场需求，优化库存管理，实现个性化营销。

此外，时空大数据与人工智能的结合在农业、医疗、安全监控等多个领域也展现出巨大的应用潜力。随着技术的不断进步，这一趋势将进一步推动各行各业的智能化转型，为人类社会带来更加便捷、高效和可持续的发展。

参考文献

[1] 中共中央，国务院. 国家新型城镇化规划（2014-2020）[Z]. 国务院令〔2014 年〕第 9 号，2014.

[2] 国务院. "十三五"国家信息化规划[Z]. 国发〔2016〕73 号，2016.

[3] 国务院. 政务信息资源共享管理暂行办法[Z]. 国发〔2016〕51 号，2016.

[4] 国务院. 全国基础测绘中长期规划纲要（2015-2030）[Z]. 国函〔2015〕92 号，2015.

[5] 国家发展改革委，中央编办，公安部，等. 国家新型城镇化综合试点方案[Z]. 发改规划〔2014〕2960 号，2016.

[6] 国家发展改革委办公厅、中央网信办秘书局. 新型智慧城市建设部际协调工作组制度及 2016-2018 年任务分工[Z]. 发改办高技〔2016〕1251 号，2016.

[7] 国家发展改革委，工业和信息化部，科学技术部，等. 关于促进智慧城市健康发展的指导意见[Z]. 发改高技〔2014〕1770 号，2014.

[8] 国家发展改革委办公厅，中央网信办秘书局，国家标准委办公室. 关于组织开展新型智慧城市评价工作务实推动新型智慧城市健康快速发展的通知[Z]. 发改办高技〔2016〕2476 号，2016.

[9] 国家发展改革委，国家测绘地信局. 测绘地理信息事业"十三五"规划[Z]. 发改地区〔2016〕1907 号，2016.

[10] 国家发展改革委，国家测绘地信局. 关于印发国家地理信息产业发展规划（014-2020 年）[Z]. 发改地区〔2014〕1654 号，2014.

[11] 国家测绘地理信息局. 关于印发《国家测绘地理信息局"互联网+政务服务"工作实施方案》的通知[Z]. 国测办发〔2016〕16 号，2016.

[12] 国家测绘地理信息局. 关于印发《测绘地理信息科技发展"十三五"规划》的通知[Z]. 国测科发〔2016〕5 号，2016.

[13] 国家测绘地理信息局. 关于开展智慧城市时空信息云平台建设试点工作的通知[Z]. 国测国发〔2012〕122 号，2012.

[14] 国家测绘地理信息局. 关于加快数字城市地理空间框架建设全面推广应用的通知[Z]. 国测国发〔2013〕27 号，2013.

[15] 住房和城乡建设部办公厅. 关于开展国家智慧城市试点工作的通知[Z]. 建办科〔2012〕42 号，2012.

[16] 国家林业局，关于印发《中国智慧林业发展指导意见》的通知[Z]. 林信发〔2013〕131 号，2013.

[17] 国家林业局，关于进一步加快林业信息化发展的指导意见[Z]. 林信发〔2013〕130

号，2013.

[18] 国家市场监督管理总局，国家标准化管理委员会. 新型智慧城市评价指标：GB/T 33356—2022[S]. 北京：中国标准出版社，2022.

[19] 自然资源部办公厅. 关于印发《智慧城市时空大数据平台建设技术大纲（2019 版）》[Z]. 自然资办函〔2019〕125 号，2019.

[20] 国家市场监督管理总局，中国国家标准化管理委员会. 信息安全技术　网络安全等级保护实施指南：GB/T 25058-2019[S]. 北京：中国标准出版社，2019.

[21] 中华人民共和国国家质量监督检验检疫总局，中国国家标准化管理委员会. 基础地理信息标准数据基本规定：GB 21139—2007[S]. 北京：中国标准出版社，2007.

[22] 中华人民共和国国家质量监督检验检疫总局，中国国家标准化管理委员会. 电子政务系统总体设计要求：GB/T 21064—2007[S]. 北京：中国标准出版社，2007.

[23] 中华人民共和国国家质量监督检验检疫总局，中国国家标准化管理委员会. 计算机软件需求规格说明规范：GB/T 9385—2008[S]. 北京：中国标准出版社，2008.

[24] 国家测绘局. 数字城市地理空间信息公共平台技术规范：CH/Z 9001-2007[S]. 北京：测绘出版社，2008.

[25] 国家测绘局. 地理空间框架基本规定：CH/T 9003—2009[S]. 北京：测绘出版社，2009.

[26] 国家测绘局. 地理信息公共平台基本规定：CH/T 9004—2009[S]. 北京：测绘出版社，2009.

[27] 国家测绘局. 基础地理信息数据库基本规定：CH/T 9005—2009[S]. 北京：测绘出版社，2009.

[28] 国家测绘地理信息局. 地理信息公共服务平台电子地图数据规范：CH/Z 9011—2011[S]. 北京：测绘出版社，2012.

[29] 国家测绘地理信息局. 地理信息公共服务平台地理实体与地名地址数据规范：CH/Z 9010-2011[S]. 北京：测绘出版社，2012.

[30] 国家发展和改革委员会. 国家电子政务工程建设项目管理暂行办法[Z]. 发改委 55 号令，2007.

[31] 国家林业和草原局. 林地保护利用规划林地落界技术规程：LY/T 1955—2022[S]. 北京：中国标准出版社，2022.

[32] 国家林业部. 森林资源代码：LY/T 1438—1999[S]. 北京：中国标准出版社，1999.

[33] 国家林业和草原局. 林地分类：LY/T 1812—2021[S]. 北京：中国标准出版社，2021.

[34] 国家林业局. 林业地图图式：LY/T 1821—2009[S]. 北京：中国标准出版社，2009.

[35] 国家林业和草原局. 县级林地保护利用规划编制技术规程：LY/T 1956—2022[S]. 北京：中国标准出版社，2022.

[36] 中华人民共和国国家质量监督检验检疫总局，中国国家标准化管理委员会. 森林资源规划设计调查技术规程：GB/T 26424—2010[S]. 北京：中国标准出版社，2010.

[37] 国家林业局. 林地变更调查技术规程：LY/T 2893—2017[S]. 北京：中国标准出版社，

2017.

[38] 国家测绘地理信息局. 数字高程模型质量检验技术规程：CH/T 1026—2012[S]. 北京：测绘出版社，2012.

[39] 中华人民共和国国家质量监督检验检疫总局，中国国家标准化管理委员会. 遥感影像平面图制作规范：GB/T 15968—2008[S]. 北京：中国标准出版社，2008.

[40] 国家测绘局. 基础地理信息数字产品 1∶10 000　1∶50 000 生产技术规程　第 2 部分：数字高程模型（DEM）：CH/T 1015.2—2007[S]. 北京：测绘出版社，2007.

[41] 中华人民共和国国家质量监督检验检疫总局，中国国家标准化管理委员会. 国家基本比例尺地形图分幅和编号：GB/T 13989—2012[S]. 北京：中国标准出版社，2012.

[42] 国家市场监督管理总局，国家标准化管理委员会. 信息安全技术　公共域名服务系统安全要求：GB/T 33134—2023[S]. 北京：中国标准出版社，2023.

[43] 国家市场监督管理总局，国家标准化管理委员会. 信息安全技术　服务器安全技术要求和测评准则：GB/T 39680—2020[S]. 北京：中国标准出版社，2020.

[44] 国家市场监督管理总局，中国国家标准化管理委员会. 信息安全技术　网络安全等级保护基本要求：GB/T 22239—2019[S]. 北京：中国标准出版社，2019.